生态财富与绿色发展方式研究

罗瑜◎著

人民出版社

目　录

第一章 绪 论

第一节 研究背景

一、问题的提出

我们如今已开始走向生态文明的新时代，如何通过投资自然资本寻求新的财富生产方式，如何通过生态财富的绿色增长实现可持续发展，如何通过生态财富的合理分配及绿色消费促进经济发展方式的绿色转型，如何通过国际合作改善全球生态治理体系等问题成为我国社会经济发展新常态下的重要议题。尽管"生态财富"还是一个相对新颖的概念，但为我们探讨自然生态和经济发展问题提供了全新的角度。自然生态环境是人类赖以生存的物质环境和重要财富，把生态作为一种新的财富，并对其进行赋值与定价的尝试，我们不仅可以研究其满足人类生活、生产的需要的使用价值，还可以深入探讨生态财富的生产、分配、交换和消费等各个环节，如何创造更多的生态财富、如何更加合理地分配生态财富，都是我们转变经济发展方式、破解生态环境保护难题、实现经济社会绿色发展的重要途径。

想要探讨生态财富的创造和运动，首先必须明确生态财富的范畴和生态财富的价值问题。根据马克思和威廉·配第等经济学家的观点，所谓财富必须具有使用价值和价值，且是由自然界和劳动共同构成的。由此我们可以得知，作为生态系统中天然存在的水、大气、土壤、动物、植物等生态资源，它们天生具有满足人类生活生产的使用价值，但是在没有人类劳动作用于它们之前，这些生态资源都不能被称为生态财富，只有在加入人类的劳动后，比如将埋藏在地下的黄金、钻石等矿产资源开采出来并加工成首饰之后，它们才能变成具有价值且可以被用来分配和交换的生态财富。因此，有学者把生态财富定义为有人类劳动参与其中的生态资源及其提供的生态服务[①]。当然，有关生态财富的具体定义我们还将在后面做更多的探讨，但其作为国民财富的新来源之一，人们将更多地认识和理解并接受其重要意义。

在生态财富的运动和配置上，我们首先要明确生态财富的所有权问题。生态财富具有公共性和外部性的特征，由此引发的诸如"公地悲剧"等集体"搭便车"行为就是因为所有权界定不清致使公共财产沦为无主财产。结合我国的实际情况，由于在生态财富的所有权问题上还有许多不清晰、不成熟的地方，我国自然资源产权交易、排污权的交易制度以及生态补偿制度等目前仅处于初级阶段，如何明晰生态资源的所有权，进而充分利用其来实现生态财富的创造和配置将是本书关注的重要问题。但可以明确的是，生态资源首先是集体的、全民所有的，因此，生态资源乃至以其为基础的生态财富的主要配置方式应该是社会主义的、计划的配置方式。既然如此，由其衍生出来的生态财富的分配应该是公平的，但是现在生态资源的使用者甚至是破坏者并未对其他人进行生态补偿，这是生态资源被过度开发的根本原因，也掩盖了生态财富分配不平等问题，同时也使国家和政府丧失了调节贫富差距的手段，这里折射出来的是针对生态财富分配制度的缺失问题。其次，在具体的实现途径上，我们可以利用市场的辅助功能，比如将生态财富用货币量化或者将其证券化，使其能够在市场进行交易，从而进一步探索生态补偿制度、碳交易制度、排污权交易等生态财富交易方式，将其纳入到社会主义市

[①] 张二勋、秦耀辰：《论可持续发展时代的财富观》，《河南大学学报（社会科学版）》2003 年第 5 期。

场经济体系中来。另外，由于生态财富具有全球性的特征，其配置离不开国际合作。在生态财富的全球配置问题上，要警惕西方发达资本主义国家通过生态帝国主义或生态殖民主义行为掠夺其他国家的生态财富，要重新构建全球生态财富配置及生态治理的新秩序，即生态社会主义治理体系。

最后，在分析了生态财富的性质及其价值后，通过对生态财富的生产、分配、交换和消费等各个环节的研究，本书试图提出一种新的财富观念，从而为实现我国的绿色发展奠定理论基础。若要创造更多的生态财富，需要我们在制度和技术上进行创新，在充分发挥我国社会主义制度优势的同时，要大力发展绿色经济，不断探索绿色技术的创新，实现我国经济发展方式的绿色转型。绿色发展方式是一种生态的、环境友好的、可持续的新型发展模式，要在生产、流通、分配和消费等各个环节最大程度地减少对环境的破坏，将资源环境价值与经济产出活动过程生态化和绿色化，在增加财富总量的同时也要提升财富的质量，这是一种充分体现人与自然和谐发展的经济发展方式。因此，绿色发展方式本身就是一种生态财富创造的方式，以绿色的方式实行财富的创造、配置和消费，对于缓解我国生态环境的压力、实现经济社会高质量发展和生态文明都有着重要的意义，这也符合新常态下经济发展的指导思想，是实现我国经济绿色发展的重要途径。

二、绿色发展的时代背景

人类生存于地球表层的大气圈、水圈、生物圈中，就自然界来看，不是所有满足人类需求的生态财富都是可以再生的，有的生态财富一旦用尽不可能再生，即会进入生态财富的再生陷阱。生态系统的循环再生只要在其阈限值内就能保证人类社会的可持续发展，然而，若是人类的无限制扩张导致生态系统的循环再生超过了其阈限范围，就会出现生态财富的再生陷阱，而人类将因此得不偿失。此外，满足人类所需的生态财富数量和质量在地表的分布差异较大，历史上人类为了生存繁衍不断地进行迁徙或是提高劳动技能以获得足够的生态财富，应该说在各个时代相应的劳动生产水平条件下，人们所能获取的生态财富数量与其能养活的人口数量总体是相匹配的。但是随着社会的发展，尤其是进入资本主义阶段，人们不仅限于满足基本的生存所需，而是通过不断地攫取生态财富以追求更多的剩余价值，所以无法避免地造成由其生产逻辑导致的生态危机。因此，只有彻底改变资本主义制度及其生产关系才能避免生态财富再生陷阱，实现人类社会的绿色可持续发展。

地球是人类的共同家园，"城门失火，殃及池鱼"，一个国家对生态财富的过度索取和破坏，必然会殃及他国。如今，西方文化所推崇的所谓政治最高目标即民主、平等、自由等价值观，已随着生态危机的暴发而受到挑战。当代政治家和国际社会都共同发出了保护生态环境的呼声，并认识到只有积极开展国际协作才能有效解决全人类共同面临的生态危机问题。当前的生态危机是有史以来人类活动累积的结果，资本逻辑导致过去对生态财富的过度索取，有些国家甚至通过掠夺他国生态财富来维持自身的发展，而现在也到了应该补偿的时候，况且这些国家也有能力进行补偿。只有通过构建公平的国际新秩序、成立国际协商机构、设立生态财富补偿基金、成立生态银行、开展生态资本投资等活动，才能在全球范围内实现生态系统的良性循环。

具体到我国而言，经济发展进入新常态，遇到一系列新情况新矛盾。当前，我国经济发展正处在发展速度换挡的节点，面临着增长速度从高速增长转向中高速增长，发展方式从规模速度型转向质量效率型，再沿袭粗放发展模式、简单地追求增长速度，显然是行不通的。经过新中国成立70多年来的不懈努力，我国总体上正在步入"发展起来以后"时期，尤其是改革开放40多年来，社会经济实现了快速发展，但在生态环境方面欠账很多，环境承载能力已经达到或接近上限，难以承载高消耗、粗放型发展，生态环境压力日益增大。正是因为生态系统的不可逆转性是普遍存在的，靠牺牲生态环境为代价的经济社会发展道路是不可持续的，西方国家"先污染后治理"的发展方式是行不通的，所以我们要吸取教训，运用马克思主义生态经济思想指导我们进行生态文明建设，从而确保经济社会可持续发展。如今我国经济社会发展进入新常态，人民群众对清新空气、干净饮水、安全食品、优美环境的要求越来越高，这既是一种对过去发展模式的被迫调整，也是转变发展模式的历史机遇。"生态兴则文明兴，生态衰则文明衰"，"我们既要绿水青山，也要金山银山。宁要绿水青山，不要金山银山，而且绿水青山就是金山银山"，这些都是习近平总书记对我国生态文明建设作出的重要论述，为实现我国的绿色发展提供了重要的理论指导。

三、生态财富对于绿色发展的重要意义

理论意义：首先，生态财富是一个新颖的提法，它将财富的范围进一步拓宽，确立了一种新的财富理念，提出了衡量国民财富的新标准和综合测算国民财富的新方法。其次，运用马克思主义的分析范式去研究生态财富的创造、生态财富的运动和绿色发展方式，实际上是马克思主义在当代的运用，与其具有无限生命力和与时俱进的特点相适应，是马克思主义的延伸。最后，将生态学马克思主义和中国特色社会主义制度更深刻地贯彻到生态财富领域中，符合我国目前的实际情况，为新常态下我们探求可持续发展提供了重要的理论支持。

现实意义：第一，生态财富创造的研究有利于推动社会财富的增加，找到一个新的经济增长点，更有利于实现我国社会财富增长的可持续性；第二，生态财富的配置研究有利于明晰生态财富所有权问题、减少生态财富交易过程中的摩擦，使其生产、分配、交换和消费环节顺畅衔接；第三，生态财富的生产和分配有助于缓解贫困问题，调节贫富差距；第四，通过提出一种新的绿色生态财富观，探讨如何以绿色的方式实现财富创造和运动，对构建新常态下人与自然和谐相处的绿色关系有着重要的意义；第五，还有助于凝聚绿色可持续发展的共识，促进我国经济发展方式的绿色转型，赋予我国在生态建设方面更多的国际话语权，具有重要的现实意义。因此，通过探讨如何界定生态财富、如何划分生态财富的所有权、如何为生态财富定价、如何更公平合理

地分配生态财富、如何实现绿色消费等问题，为实现我国经济社会的绿色发展提供有力的理论基础，并试图构建一种新的社会主义生态治理体系。

第二节 生态学马克思主义是研究生态财富与
绿色发展方式的重要理论基础

一、关于生态学马克思主义的思想

马克思主义生态经济学说，是根据马克思、恩格斯在其著作中关于生态学和经济学的思想观点发展起来的。生态学马克思主义充分发掘了马克思、恩格斯的异化劳动、经济危机、物质变换等理论中的生态思想，并根据这些基本理论和方法来分析现代资本主义生态危机的成因和解决途径。虽然马克思并没有直接表达过"生态"的概念，也没有使用过"生态财富"一词，但是在其经典著作中已经体现出他注意到了社会财富发展的生态要求，在其对财富的自然源泉、不同表现形态、衡量标准的分析中蕴含了丰富的生态财富思想。由此，我们可以根据马克思的思想概括出关于生态财富的一些主要观点：一是生态资源是社会财富的自然源泉；二是生态资源本身没有价值，只有加入人类的劳动才能变成生态财富；三是以私有制为基础的资本主义生产方式破坏了生态环境。生态学马克思主义的思想在当今时代有着重要的价值，一方面它有利于克服工业社会以来在财富生产中占主导地位的片面的非生态的财富观，另一方面它有利于实现我国社会财富增长的可持续性。

经过梳理和总结可以得知，生态学马克思主义学者主要从马克思的异化理论、资本主义制度两个方面阐述了生态危机形成的原因。马克思主义生态观从根本上对资本主义制度的反生态性进行了深刻的批判，由此指明了人与自然矛盾真正能够得以解决的共产主义方向，为我国在建设生态文明的过程中如何发挥社会主义的制度优势提供了理论依据。具体说来有以下几个方面的内容。

首先，异化劳动疏离了人与自然的关系。在马克思看来，人与人之间的关系和人与自然界之间的关系是统一联系的整体，因此马克思说："在这种自然的、类的关系中，人同自然界的关系直接就是人和人之间的关系，而人和人之间的关系直接就是人同自然界的关系，就是他自己的自然的规定。"[①] 人本应该与自然界和谐相处，在劳动的创造中幸福、快乐地生活，但异化劳动却使人与自然疏离，从而导致人的异化与自然的异化。在《1844年经济学哲学手稿》中，马克思这样写道："异化劳动……从人那里夺走了他的无机的身体即自然界"，"异化劳动使人自己的身体，同样使在他之外的自然界，使他的精神本质，他的人的本质同人相异化"。[②] 因为异化劳动使得人在生理上和心理上出现了缺失，从而导致人对自然的认识和感知也发生了异化，马克思进一步指出："对于一个忧心忡忡的人，再美的景色，对于他来说，也无动于衷。异化是对人的本质力量对象化的否定，是对人与自然关系的极大疏离，是对人的美感的压抑。"[③]

其次，资本主义制度是导致人与自然关系异化的根本原因。在资本主义的生产过程中，人们生存的生态环境被严重地异化。马克思就指出："一旦这条河归工业支配，一旦它被染料和其他废料污染，河里有轮船行驶，一旦河水被引入只要把水排出去就能使鱼失去生存环境的水渠，这条河的水就不再是鱼的'本质'了，它已经成为不适合鱼生存的环境。"[④] 也就是说，在资本主义制度下，人与人之间的社会关系的异化必然导致人与自然界之间的生态关系的异化[⑤]，正如美国学者约翰·贝米拉·福斯特（John Bellamy Foster）所指出的："核心问题在于资本主义的生产

---

① 《马克思恩格斯全集》第42卷，人民出版社1979年版，第119页。
② 《马克思恩格斯全集》第3卷，人民出版社2002年版，第274页。
③ 解保军：《马克思恩格斯对资本主义的生态批判及其意义》，《马克思主义研究》2006年第8期。
④ 《马克思恩格斯全集》第42卷，人民出版社1979年版，第369页。
⑤ ［德］马克思：《1844年经济学哲学手稿》，人民出版社2000年版，第55页。

方式与自然之间的逻辑关系。"① 所以，只有彻底颠覆资本主义制度，走向社会主义甚至共产主义，人与人的异化和人与自然的异化才能被克服，由此造成的生态危机才能真正消除。马克思认为："共产主义是私有财产即人的自我异化的积极的扬弃，因而是通过人并且为了人而对人的本质的真正的占有；因此，它是人向自身、向社会的（即人的）人的复归，这种复归是完全的、自觉的而且保存了以往发展的全部财富的。这种共产主义，作为完成了的自然主义，等于人道主义，而作为完成了的人道主义，等于自然主义。"② 马克思对共产主义的这种描述，本身就是一种"历史的超越"，即"对异化社会的征服"③，意味着在未来的共产主义社会里人与自然异化的真正消除。

再次，科学技术的异化是造成生态危机的原因之一。随着科学技术的发展，人们通过技术进步提高了劳动生产率，增强了认识自然、利用自然、改造自然的能力，然而在这个过程中，科学技术的异化同时也对自然生态环境造成了破坏，给人类的生存和发展带来消极后果。同时，生态学马克思主义还强调，不能把生态危机归因于科学技术本身，至少不能脱离社会生产关系和社会政治制度来谈论科学技术的异化。也就是说，科学技术的资本主义使用才是造成生态危机的原因。在科学技术高度发达的今天，生态创新离不开生态科技的创新。根据马克思的异化理论我们已经得知，科学技术在给我们带来极大财富的同时也发生了异化，所以我们必须通过生态科技创新将异化的科学技术复归到良性发展的道路上来，这是实现生态经济协调发展的根本动力。因此，我们应当通过大力发展生态科技，提高绿色发展的创新能力，开发和推广节约型、可替代、可循环利用的先进适用技术，开拓可供利用的新的自然资源，通过提高资源利用率和经济效益等方式来实现这一目标，这是我们由工业

---

① [美]约翰·B.福斯特:《历史视野中的马克思的生态学》,刘仁胜译,《国外理论动态》2004 年第 2 期。

② 《马克思恩格斯全集》第 42 卷,人民出版社 1979 年版,第 120 页。

③ John Bellamy Foster, *Marx's Ecology: Materialism and Nature*, Monthly Review Press, p. 8.

文明走向生态文明的必然选择。

最后，我们来谈谈异化消费与绿色可持续发展的问题。所谓异化消费是指"人们为了补偿自己那种单调乏味的、非创造性的且常常是报酬不足的劳动而致力于获得商品的一种现象"[①]。异化消费不是建立在人们真实需求的基础上，而是建立在虚假需求上，使人把消费当作目的本身，演变成为消费而消费的异化行为。异化消费，或者说消费主义价值观的本质是资本为了追求利润而故意制造出来的"虚假需要"，故意引导人们到物质商品的消费中去体验幸福，从而进一步强化资本主义的生产方式和异化劳动，使人们走向享乐主义，从而造成对自然资源的巨大浪费，也意味着生态系统的有限性同资本主义生产无限扩张之间必然会产生矛盾冲突。异化消费的最终结果是不断突破生态系统的极限，这将导致人与自然关系的异化。生态环境的承载能力是有限的，然而高消费的生活方式会使自然环境不堪重负，这是以牺牲消费公平为代价的，最终将危及人类社会的可持续发展。实际上，占有和消耗更多的财富并不代表生活质量的提高，反而会因为过度消费造成人类物欲需求和环境之间的矛盾。为了实现可持续发展，我们必须抵制炫耀性消费行为，充分考虑到不同地区人们的需求，以及未来子孙后代的利益，从而合理地控制对地球上资源的利用，这是一种公平的消费观，是一种可持续的消费模式，是人类道德的重要进步。

整体而言，西方生态学马克思主义将生态危机的根源归结于资本主义制度。加拿大学者本·阿格尔（Ben Agger）指出，由于资本主义的过度生产和过度消费，生产异化已扩张到消费异化，造成了生态危机，并将取代生产危机[②]。英国学者戴维·佩珀（David Pepper）也认为要从资本主义制度本身寻找生态危机的根源，而且他还指出，克服异化、

---

① ［加］本·阿格尔：《西方马克思主义概论》，慎之等译，中国人民大学出版社1991年版，第494页。
② ［加］本·阿格尔：《西方马克思主义概论》，慎之等译，中国人民大学出版社1991年版，第364页。

解决生态危机的途径是颠覆资本主义，建立生态社会主义社会①。此外，生态学马克思主义学者还指出生态帝国主义也加剧了全球生态危机的蔓延，所谓生态帝国主义就是指发达国家把高污染、高消耗、劳动密集型的企业转移到发展中国家的生态危机转嫁行为，生态帝国主义的特征是剥削新的土地和资源，利用其巨大的生产潜力获得高额的利润，从而将生态危机向全球扩展②。马克思很早就指出，资本主义农业（同时也包含其他资源的使用）是不合理的，因为它为了追求短期利益而忽视了对生态环境的保护，造成生态环境的退化。这种做法虽然有利于发达国家本国环境的改善，但是世界的生态系统是全球循环且互相影响的，没有哪个国家会在世界范围内独善其身，被污染的大气、水和土地会通过各种渠道向全球扩散。因而，在不触动资本主义制度的前提下，要解决当今环境问题，仅仅靠赋予自然以经济价值并将环境纳入市场体系之中，或完全依赖技术手段，都将很难达到目的。

总之，西方生态学马克思主义学派是最早开始研究马克思、恩格斯生态经济思想的。从 20 世纪 30 年代开始，面对资本主义国家中普遍发生的生态环境灾难，西方学者开始整理和分析马克思、恩格斯的生态思想，以期从社会制度层面解决资本主义国家中普遍存在的生态环境危机，并逐渐形成了生态学马克思主义学派。法国生态学马克思主义的代表人物安德烈·高兹（Andre Gorz）在《经济理性批判》（1988）这部著作中，从较抽象的哲学层面上来探讨资本主义生态危机的根源，他将当代资本主义社会中的生态危机归结于资本主义的利润动机，并且还把资本主义的利润动机归属于资本主义的经济理性的范畴；戴维·佩珀在其代表作《生态社会主义：从深生态学到社会正义》（1993）中指出，生态危机的根源在于资本主义制度不可改变的利润第一的经营策略，那么消除生态危机的唯一出路就是对这一制度实施变革，即变资本主义制度为

---

① ［英］戴维·佩珀：《生态社会主义：从深生态学到社会正义》，刘颖译，山东大学出版社 2005 年版，第 355 页。
② 靳利华：《生态与当代国际政治》，南开大学出版社 2014 年版，第 239 页。

社会主义制度；美国生态学马克思主义的代表人物詹姆斯·奥康纳（James O'Conner）在其代表作《自然的理由——生态学马克思主义研究》（1997）中探索了资本主义经济危机与生态环境之间的关系，得出在当代资本主义国家摆脱经济危机、实现可持续发展是不可能的论断，还对生态学马克思主义的制度理想——生态社会主义的可能性提出了自己的创见。威廉·莱斯（William Leiss，1988）在《自然的控制》一书中强调，控制自然应重新解释为对人类和自然之间的关系的控制，他提出要建构生态伦理。既然生态灾难的形成，是控制自然观念导致的结果，那么一个新社会的建立，首要的任务就是实现人的观念的转变，也就是改变"控制自然"的观念，树立"解放自然"的观念。

约翰·贝拉米·福斯特所撰写的《脆弱的星球：环境经济简史》（1994）、《马克思的生态学：唯物主义与自然》（2000）、《生态危机与资本主义》（2002）等著作，从资本主义制度的本性、资本扩张的逻辑、资本主义生产方式的特点等方面揭示了资本主义制度的反生态本性。除此之外，其他西方学者的代表性著作还有：科斯京的《生态政治学与全球学》（2008）、马克·特瑟克的《大自然的财富》（2013）、乔尔·科威尔的《生态社会主义、全球公正与气候变化》（2009）、乔纳森·休斯的《生态与历史唯物主义》（2000）、保罗·伯克特的《马克思主义与生态经济学——走向一种红绿政治经济学》（2006）等等，他们都从经典马克思主义理论中吸取相关的理论来阐明自己的观点。

我国学者在 20 世纪七八十年代逐渐形成了中国特色生态经济学，以许涤新、刘思华为代表的学者通过研究马克思的生态经济思想，并将西方生态经济学在中国进行运用、创新和发展，形成了一批学术成果。许涤新在《生态经济学》（1987）一书中就明确地提出了马克思主义的生态经济学是支持、推动社会主义现代化建设的，并具体阐述了生态经济学研究在物质生产领域和精神文化领域中的任务[1]；刘思华在其代表作《生态马克思主义经济学原理》（2006）中，对马克思主义生态经济思

---

[1] 许涤新：《生态经济学》，浙江人民出版社 1987 年版，第 60 页。

想在中国的新发展进行了解读和分析，并由此构建了我国生态学马克思主义的理论体系[1]；黄娟在《生态财富与物质财富的关系思考》（2012）一文中还提出了对生态财富概念的界定，可算是国内对生态财富研究的先行者[2]。

　　除此之外，国内学界也从多方面分析了西方生态学马克思主义的思想以及如何将其运用于我国生态文明建设中。王雨辰的《生态批判与绿色乌托邦——生态学马克思主义理论研究》（2009）从唯物主义的视角总结梳理了几位重要的西方生态学马克思主义学者的思想，如奥康纳的文化唯物主义生态哲学、福斯特的自然唯物主义生态哲学、佩珀的历史唯物主义生态哲学和阿格尔的历史唯物主义危机理论等[3]；封泉明论述了马克思的生态财富思想及当代价值[4]；张孝德提出了生态经济是一种新的财富观的思想[5]；李世书也专门著书阐释了生态学马克思主义的自然观[6]；刘增惠的《马克思主义生态思想及实践研究》也详细论述了生态学马克思主义的理论思想以及对我国生态文明建设的指导意义[7]；等等。此外，陈学明、许经勇、赵建军等学者也发表了许多成果，这对我国研究马克思的生态经济思想做了很好的铺垫，但也需要更多的学者在已有的研究成果基础上进行更为全面、系统、深入的研究，以便为我国生态经济建设实践提供强大的理论指导。

二、关于生态财富思想的研究

　　历史上众多经济学家都在其专著中讨论过财富的问题，具体说来，莱昂内尔·罗宾斯（Lionel Robbins）认为，某物之为财富，并不是因为

---

① 刘思华：《生态马克思主义经济学原理》，人民出版社 2006 年版，第 129 页。
② 黄娟：《生态财富与物质财富的关系思考》，《海派经济学》2012 年第 3 期。
③ 王雨辰：《生态批判与绿色乌托邦——生态学马克思主义理论研究》，人民出版社 2009 年版。
④ 张孝德：《生态经济的新财富观》，《杭州（我们）》2010 年第 8 期。
⑤ 张孝德：《生态经济的新财富观》，《杭州（我们）》2010 年第 8 期。
⑥ 李世书：《生态学马克思主义的自然观研究》，中央编译出版社 2010 年版。
⑦ 刘增惠：《马克思主义生态思想及实践研究》，北京师范大学出版社 2010 年版。

它具有财富的性质，而是因为它是稀缺的。我们可以用维他命的含量或热值来给食物下定义，却不能从物质方面给财富下定义。财富从本质上说是一种相对的概念。某些种类的货物相对于需求来说也许太多了，竟致成了免费货物——从严格意义上讲根本不是财富[①]。亚当·斯密（Adam Smith）认为财富积累的途径在于分工和工厂制度，他认为分工的发展以及劳动划分为越来越精细的专业化作业，是正在出现的工厂制度的主要结果。亚当·斯密还认为，分工的结果是财富的增加，而且能使整个国家都得到好处[②]。

杜阁（Anne Robert Jacques Turgot）在《关于财富的形成和分配的考察》一书中叙述了商业的起源之后，论证了魁奈关于农业是财富的唯一源泉的观点，他认为土地永远是一切财富首要的、唯一的来源；作为耕种的结果而生产一切收入的就是土地；在完全未耕种以前，为人类提供第一批垫支基金的也是土地。[③] 杜阁认为货币是可动的财富，一旦人们发现了而且证实了货币是一切商品中最能经久不变、最易保存的之后，凡是想要积累财富的人便必然会尽先去寻求货币。他还强调，可动的财富是一切有利可图的事业不可缺少的先决条件，在每种行业中，工人或雇用他们的企业家都必须有一笔事先积累的可动的财富[④]。杜阁还认为一个国家的总财富包括：第一，全部田产的净收入乘以地价率；第二，国内现存全部可动的财富的总和，而且由于这些财富和货币总是可以不断地交换的，因此财富都代表着货币，货币也代表着全部财富。[⑤]

刘易斯（W.Arthur Lewis）认为财富和社会地位息息相关，在世界上

---

① ［英］莱昂内尔·罗宾斯：《经济科学的性质和意义》，朱泱译，商务印书馆2000年版，第43页。

② ［英］琼·罗宾逊、［英］约翰·伊特韦尔：《现代经济学导论》，陈彪如译，商务印书馆1982年版，第20页。

③ ［法］杜阁：《关于财富的形成和分配的考察》，南开大学经济系经济学说史教研组译，商务印书馆1961年版，第48页。

④ ［法］杜阁：《关于财富的形成和分配的考察》，南开大学经济系经济学说史教研组译，商务印书馆1961年版，第47页。

⑤ ［法］杜阁：《关于财富的形成和分配的考察》，南开大学经济系经济学说史教研组译，商务印书馆1961年版，第78页。

每一个国家里，财富都是可以赢得尊重和声望的，即使在有的国家里存在时间上的差距，即也许要等到第二代才能取得充分的威望①。也就是说，刘易斯认为财富是一种获得权力的手段，而这些权力可以提升一个人的政治地位、社会声誉等。刘易斯在《经济增长理论》一书中论述道，不同社会的本质区别在于财富的来源及拥有财富的富人如何使用这些与其声望相关的财富。他认为，由于财富的来源不同，人们所获得的声望也就不同，通过生产性投资所获得的财富与通过土地所有权和财产继承权所获得的财富是有区别的。一个社会的真正重大转折点并不始于尊重财富，而应始于当这个社会把生产性投资及与其有关的财富放在首要地位的时候②。刘易斯还指出，经济增长的好处并不是财富增加了幸福，而是财富增加了人们选择的范围，因为财富的增加使人类具有控制自己环境的更大能力，因此增加了人类的自由③。

具体到生态财富上，美国生物学家爱德华·O.威尔逊（Edward O.Wilson）将财富分为物质财富、文化财富和生态财富三方面。他认为在上述三种财富之中，生态财富不仅是最基础的，也是最重要的，所以其他两种财富的建立与延续，都必须立基于生态财富的健康与永续性④。有学者就直接将生态系统视为生态财富，如封泉明就认为生态财富是指能满足人的生命活动需要的生物体、生态力、环境以及由生物群落和环境共同组成的生态系统。其中，生物体包括动物、植物和微生物；环境是指由一定地域内的所有的彼此间相互作用的生物体和与生物体紧密联系的各种非生命物质所组成的网络；而生态力指的是生态系统实现其整体性功能的能力⑤。还有学者从劳动与生态资源关系的角度将生态

---

① ［英］阿瑟·刘易斯：《经济增长理论》，周施铭等译，商务印书馆1983年版，第25页。
② ［英］阿瑟·刘易斯：《经济增长理论》，周施铭等译，商务印书馆1983年版，第27页。
③ ［英］阿瑟·刘易斯：《经济增长理论》，周施铭等译，商务印书馆1983年版，第516—517页。
④ 转引自李培超、王超：《环境正义刍论》，《吉首大学学报（社会科学版）》2005年第2期。
⑤ 封泉明：《马克思的生态财富思想及当代价值》，《合肥工业大学学报（社会科学版）》2013年第2期。

财富定义为经济系统中的有人类劳动参与其中而且具有人类生存与经济社会发展需要的生态产品，或者说是由生态系统直接供给社会生产、人们生命与生活需要的生态使用价值的总和[①]。

此外，研究生态财富还要注重生态财富的所有权问题。生态资源乃至生态财富的所有权决定了生态财富的生产、分配和交换的方式，会产生不同的财富配置效果，也会对生态环境造成不同的影响。在讨论生态财富所有权之前，我们有必要先明晰决定生态财富所有权基础的生态财富所有制问题。在资本主义私有制的条件下，资本生产把个人对财富的占有作为生产的目的，这种私有性质的财富积累把大量消费生态资源作为前提，通过不断索取自然物质来满足人的欲望，即以追求利润最大化为目标。在私有制经济中，财产的归属差距悬殊，拥有巨额财产的人可以获得以生态破坏为前提的高比例的经济财富和生态福利，而普通人尤其是穷人却必然承受主要的生态负福利，即遭受更多的环境污染和生态破坏，这是不公平的、不正义的、不可持续的。

生态财富具有公共性的特点，因此在治理生态问题上应该充分发挥我国社会主义制度的优势，因为社会主义公有制是解决生态问题的制度基础。公有制经济的特征就是生产资料归劳动者共同所有，不具有排他性，是实现共同富裕的保证，因此这种经济必然会根据社会性计划寻求生态效益与经济效益的平衡，以实现经济社会的可持续发展。公有制经济是由公众来决策，就必然寻求生态效益和经济效益、当下和未来的平衡，真正的公有制社会不会导致经济危机、不会浪费财富，不需要以异化消费刺激异化生产。由此可见，只有实现大范围的公有制，消灭资源生态剥削、环境生态剥削及各种生态侵占，避免部分人利用人类共有资源从其他社会成员手中大量转移财富，才能有效实现生态平等和生态正义，而这正是可持续发展的要求。

[①] 张二勋、秦耀辰：《论可持续发展时代的财富观》，《河南大学学报（社会科学版）》2003 年第 5 期。

三、关于生态财富定价机制的研究

许多生态经济学者都支持将经济价值评估作为一种方法，用以表明生态对现代社会的巨大价值，但给生态财富定价是一项棘手甚至充满争议的工作。一般来说，现行的国民经济核算体系（SNA）只计算了生态系统为人类提供的直接产品的市场价格，而将自然资源和环境要素排除在整个核算框架之外，对作为其生命支持系统的间接市场价值忽略不计。这种核算方法所带来的问题是显而易见的：一方面，对生态财富价值不合理的测算导致了对经济投资核算的误导，夸大了以国内生产总值（GDP）增加为代表的经济增长率；另一方面，以牺牲自然和环境为代价来换取物质财富的增加，进一步加剧了生态危机，使经济社会难以持续健康地发展。当前世界上不少国家和国际组织已经在经济核算方面展开了大量研究工作，特别是对绿色 GDP 核算理论的研究被世界各国广泛重视。现在的主要困难就是对生态财富的经济价值的计量问题没有完全解决。因此，生态财富的经济价值定价研究将为促进生态环境核算及将其纳入国民经济核算体系作出积极的贡献。

美国经济学家华西里·列昂惕夫（Wassity Leontief）在 1936 年建立了一种投入产出的分析方法。他利用现代的数学方法，分析了国民经济各部门之间生产数量上的相互依存关系，确立了各部门之间的错综复杂的关系和再生产的比例关系，以预测及平衡再生产的综合比例[①]。投入是指生产过程中消耗的原材料、燃料、动力和劳务，产出是指从事经济活动的结果及产品的分配去向、使用方法和数量，将自然环境资源、能源和生产排出的废弃物也作为经济活动的投入和产出分析。自 20 世纪 70 年代以来，投入产出分析迅速发展，已经成为分析和预测经济发展与协调的一种有效手段，对经济与环境问题中的重大决策起到了重要作用。

西方生态经济学对生态环境经济价值研究的集大成者是美国学者A. 迈里克·弗里曼（A.Myrick Freeman），在《环境与资源价值评估——

---

① ［英］罗杰·珀曼等：《自然资源与环境经济学》（第二版），侯元兆译著，中国经济出版社 2002 年版，第 256 页。

理论与方法》一书中，他首次系统地将新古典经济学的有关理论运用于生态和资源价值评估，他认为可以根据环境和资源服务是通过市场体系（该市场体系是以生产者收入的变化、消费者效用的改变以及市场商品和服务的价格等形式表现出来），还是通过那些无法在市场中进行正常交易的物品和服务的价值的变化（如健康、空气质量之类的环境舒适性以及生态娱乐机会等）来体现它们的影响，可以对生态财富的价值进行分类。前者所形成的价值通常被说成是"间接市场"价值或"生产者"价值，后者则说成"直接"价值、"非市场"价值或"个人"价值，直接价值或非市场价值经常又细分为使用价值或非使用价值①。

20 世纪 70 年代以来，国外学者在环境与生态系统资本价值量的估算方面进行了研究与探索，提出了一些理论和方法。其中，以市场为主的价值评估方法将环境与生态系统视为一种资源要素，资源存量和生产成本可以在市场上表现出来，其价值通过直接或间接的市场价格来估算。在此理论指导下，衍生出一系列的币值估算途径，如直接市场方法（市场价格法、收入损失法）、间接市场方法（保护费用法、重建费用法、影子工程法、旅行成本法等）。另外，以调查为主的方法是一类主观性较强的估算方法，其理论支撑为环境和生态系统对于人类的生存具有重要作用，人们对于生态资源的保护或重建具有一定的需求，并愿意支付一定的费用。这类方法多以直接或间接的方式询问人们的支付愿望，进而估算出环境和生态系统的经济价值。

四、关于绿色发展方式的研究

21 世纪初，联合国开发计划署驻华代表处发表了《中国人类发展报告 2002：绿色发展 必选之路》，从此"绿色发展"一词进入人们的视野。在定义绿色发展的内涵上，胡鞍钢、周绍杰说得比较完整，即绿色发展是协调经济与生态环境之间关系的发展，是以人为本和以生

---

① ［美］A. 迈里克·弗里曼：《环境与资源价值评估——理论与方法》，曾贤刚译，中国人民大学出版社 2002 年版，第 14 页。

态为本相结合的可持续发展之路。它要求在经济发展中恢复和保护生态系统，同时要提高资源和能源的使用效率，实现人与自然的和谐发展和共同进化[①]。绿色发展方式与传统以"高污染、低效益、高消耗、低效率"为特征的"黑色发展"模式有着本质的不同，它是在反思现有发展模式的基础上重新提出的新的发展理念，强调发展不仅是经济增长，而应该同步实现生态效益的增长，绿色发展是一条经济效益和生态效益协同发展的新道路。

我国学者对绿色发展予以了高度关注，并开展相关学术研究，一批关于绿色发展的研究成果相继问世。如陈银娥、高红贵等所著的《绿色经济的制度创新》（2011）对绿色发展中如何大力发展绿色经济以及进行制度创新进行了分析[②]，中国 21 世纪议程管理中心可持续发展战略研究组出版的《全球格局变化中的中国绿色经济发展》（2013）对绿色发展的内涵予以了界定，对生态健康、经济绿化、社会公平、人民幸福在社会发展中的作用进行了分析[③]，赵建军在《如何实现美丽中国梦：生态文明开启新时代》（2013）中提出要依靠技术创新推进绿色经济的发展，并提出了技术创新的生态化原则[④]。还有学者从生态文明建设的视角对中国绿色发展的路径进行探讨，如王明初、杨英姿所著的《社会主义生态文明建设的理论与实践》（2011）提出建设生态文明必须从生产方式等更深的层面反思导致经济发展不可持续的原因[⑤]，周鑫的《西方生态现代化理论与当代中国生态文明建设》（2012）探讨了如何运用西方生态现代化理论进行我国的生态文明建设[⑥]，还

---

① 胡鞍钢、周绍杰：《绿色发展：功能界定、机制分析与发展战略》，《中国人口·资源与环境》2014 年第 1 期。
② 陈银娥、高红贵等：《绿色经济的制度创新》，中国财政经济出版社 2011 年版。
③ 中国 21 世纪议程管理中心可持续发展战略研究组：《全球格局变化中的中国绿色经济发展》，社会科学文献出版社 2013 年版。
④ 赵建军：《如何实现美丽中国梦：生态文明开启新时代》，知识产权出版社 2013 年版，第 111 页。
⑤ 王明初、杨英姿：《社会主义生态文明建设的理论与实践》，人民出版社 2011 年版。
⑥ 周鑫：《西方生态现代化理论与当代中国生态文明建设》，光明日报出版社 2012 年版。

有靳利华的《生态文明视域下的制度路径研究》（2014）①，胡祖六的《中国转型——改革与可持续发展之道》（2012），等等②。根据学者们发表的成果，我们可以梳理出目前学术界对绿色发展方式研究的几个主要观点。

首先，认为生态伦理是绿色发展方式的基本哲学前提，它为绿色发展方式建立了伦理指标，提供了可行的人伦规范。绿色发展方式有别于传统的发展模式，它重在解决人类无限发展与生态资源有限性的矛盾，并通过宣扬自然界与人类同样具有重大价值这一新理念来实现人类社会与生态系统的和谐发展。绿色发展方式所追求的人与自然和谐价值观与我国传统伦理道德不谋而合，历史上儒家的"天人合一"思想就明确地指出了人与自然是统一整体的观念。人类不是万物的主宰，我们只是宇宙中非常渺小的一部分，我们应顺应自然规律，而不是企图征服自然。可持续发展重在"持续"和"发展"，而这也正和"生生不息"这一自然法则相吻合，这就要求人与自然和谐相处，在发展经济的同时，也要保证对环境资源的补偿和投入，以实现生态环境和人类社会的永续发展。

其次，强调代际公平在绿色发展中的重要地位。恩格斯指出："到目前为止存在过的一切生产方式，都只在于取得劳动的最近的、最直接的有益效果。那些只是在以后才显现出来的、由于逐渐的重复和积累才发生作用的进一步的结果，是完全被忽视的。"③ 所以，当代人应当把自己的发展与后代人的未来自觉地联系起来，这意味着每一代人的发展都不能建立在牺牲未来人的发展能力上，并且还要让未来人拥有更好的发展环境和条件。绿色发展要求人们对大自然的道德观念应从"征服""掠夺"转为"回报""感恩"，要求建构人与自然新的生态伦理关系，这成为绿色发展观的伦理学来源。

最后，把绿色发展与生态经济学相联系，认为生态经济学是支撑绿

---

① 靳利华：《生态文明视域下的制度路径研究》，科学文献出版社2014年版。
② 胡祖六：《中国转型——改革与可持续发展之道》，北京大学出版社2012年版。
③ 《马克思恩格斯选集》第3卷，人民出版社1972年版，第519页。

色发展的重要理论基础。生态经济学是由生态学和经济学交叉结合形成的学科，它研究的对象是人类经济活动与自然生态环境的关系，其方法是根据生态学和经济学的基本理论，把生态规律和经济规律结合起来运用到实际问题的分析中。生态经济学的基本理论包括社会经济发展同自然资源和生态环境的关系，人类的生存、发展条件与生态需求，生态经济效益，生态经济协同发展，等等。其中，生态与经济协调发展是生态经济学关注的核心思想，而这也正适应了绿色发展的需要。一方面，生态与经济协调发展是实现绿色发展的基础和前提。从人与自然的关系上看，人类社会的发展从农业社会发展到工业社会和今天的生态社会，没有生态与经济的协调发展，人类社会的发展也不可能持续。另一方面，生态经济学将生态和经济作为一个不可分割的有机整体，致力于寻求人类经济发展和自然生态发展相互适应、保持平衡的对策和途径，这为我们解决环境资源问题、制定正确的绿色发展战略提供了科学依据。要想建立一个绿色发展的社会，就要处理好自然生态与经济发展的关系，而生态经济学所进行的研究正是为了缓解这种矛盾，其理论与绿色发展的理念内在相同，为绿色发展提供了科学的理论基础。

当前，绿色可持续发展战略已被世界各国广泛认同，这种全新的发展理念体现在经济核算中就要求对传统国民经济核算体系进行修正，建立一种绿色的国民经济核算体系来指导经济政策的制定，即绿色 GDP 核算体系。所谓绿色 GDP，就是指以衡量各国扣除自然资产损失后新创造的真实国民财富的总量核算指标，即从现行统计的 GDP 中，扣除由于环境污染、自然环境退化、教育低下、人口数量失控、管理不善等因素引起的经济损失成本，从而得出的真实国民财富总量[1]。绿色 GDP 核算方法反映了更为科学和全面的评估思想，它考虑了一直以来被忽视的生态财富对经济发展的价值，从而引导人们选择一种更为合理、更具持续性的绿色发展方式，弥补了传统国民经济核算体系的不足。

---

[1] 王旭烽主编：《中国生态文明辞典》，中国社会科学出版社 2013 年版，第 94 页。

第三节 研究方法

本书在研究中，综合运用了历史分析法、归纳法、文献研究法、案例分析法、多学科综合分析法等多种方法。

历史分析法：虽然类似生态财富的思想早已有之，但是，在经济增长的过程中和经济发展的实践中却很少被认识到。长期以来，生态资源的所有权和使用权是倒置的，遵循了一个"谁使用谁所有，谁使用谁受益"的原则，随着生态环境破坏以后带来的外部性，人们才开始去考虑生态补偿的问题，也出现了"谁污染（破坏）谁治理"的原则。对生态财富所有权的界定、对生态财富的认识和对人与生态环境关系的认识都应该用历史的、发展的眼光来看待，不仅有助于增进对生态财富整体性的认识和理解，还能通过它的历史发展过程总结出其发展规律，从而进一步获得其发展前景的启示。

归纳法：本书第一章文献综述对书中涉及的几个主要方面的相关研究成果进行了综述，将学术界的观点归纳为较为主流的几个思想，即生态学马克思主义、关于生态财富概念的认识和演变、关于生态经济价值计量的研究以及对绿色发展方式的研究等。后续章节在总结绿色发展方式的历程中，归纳出经验和教训，以及总结出国际上对碳交易、排污权交易、生态补偿等生态财富交易方式的探索。

文献研究法：通过研读大量国内外的相关文献，在整体了解目前有关生态财富、生态财富价值和绿色发展方式研究情况的基础上，力求找到新的角度和研究点，在前人研究成果的基础上进行创新。

案例分析法：本书在分析生态财富的创造、生态财富的配置和生态财富的分配问题上，分别以我国在库布其沙漠创造生态财富、贵阳生态文明国际论坛促进生态财富配置的国际协作以及通过国际补贴合理分配巴西亚马孙河流所提供的生态财富三个案例来生动说明，使得本书观点更具说服力。

生态财富与绿色发展方式研究

多学科综合分析法：在研究生态财富的一系列相关问题上，本书综合了生态学、法学、自然科学、政治学、社会学、经济学等学科的知识，注重吸收这些学科有益的成果，将其融入到具体问题的探讨之中，以期对生态财富问题进行多角度、多层次的研究。

第二章 开启对生态财富的新认知

　　人类的活动总是在观念、思想、理论指导下的行为，经济活动也不例外，它接受经济学的指导。按照《简明牛津词典》的定义，经济学是关于"财富的生产与分配的实用性科学"，也可以理解为"能够指导人们在资源稀缺、竞争激烈的条件下，为创造更多的财富而对资源进行最优配置的科学"[1]。这一传统的经济学定义暗含着一个不变的前提，即生态系统作为经济活动稳定、可靠的场所，人在其中理性地进行生产和消费，然而在现实生活中，生态系统不断彰显出不稳定、稀缺等特性，而人也是不尽理性、欲望不断膨胀的。因此，我们必须重新设定和认识人与生态的关系，正如习近平同志指出的："我们要构筑尊崇自然、绿色发展的生态体系。人类可以利用自然、改造自然，但归根结底是自然的一部分，必须呵护自然，不能凌驾于自然之上。我们要解决好工业文明带来的矛盾，以人与自然和谐相处为目标，实现世界的可持续发展和人的全面发展。"[2]

　　在有人类劳动参与的前提下，把生态系统提供的生态资源和服务看作财富，是一种新的财富观念。生态财富作为一种有别于物质财富、精神财富的新型财富，具有特殊的性质，即地域性、整体性、公共性、循环再生性等。根据生态财富的性质，我们要进一步探究其所有权问题。2015 年 9 月，中

---

① 中国 21 世纪议程管理中心可持续发展战略研究组：《全球格局变化中的中国绿色经济发展》，社会科学文献出版社 2013 年版，第 1 页。

② 中共中央文献研究室编：《十八大以来重要文献选编》（中），中央文献出版社 2016 年版，第 697 页。

共中央、国务院印发《生态文明体制改革总体方案》，明确提出要构建归属清晰、全责明确的自然资源资产产权制度，着力解决自然资源所有者不到位、所有权边界模糊等问题。生态财富的特点决定了其所有权性质，即公有。只有实现生态财富的公有制，才能保证其持续地为人类生存发展提供物质保证，才能够通过对生态财富的公平有效配置实现经济社会的绿色发展。

第一节 生态系统与人类的关系

一、生态、生态系统与环境

根据《中国生态文明辞典》的定义，"生态"一词在我国传统文化中是指美好的事物，而在学科定义中，"生态"（eco-）一词最早源于古希腊语，是指家（house）或者人类的生存环境。生态通常指生物的生活状态，指生物在一定的自然环境下生存和发展的状态，也指生物的生理特性和生活习性。简单地说，生态就是指一切生物的生存状态，以及它们之间和它们与环境之间环环相扣的关系[①]。在此基础上，我们再进一步明确生态系统的内涵，即生态系统是指在一定的时间和空间范围内，生物与生物之间，生物与非生物（如温度、湿度、土壤、各种有机物和无机物等）之间，通过不断地物质循环和能量流动而形成的相互作用、相互依存的一个生态学功能单位，用一个简单的公式可以概括为：生态系统＝非生物环境＋生物群落[②]。

生物群落与非生物环境是相互作用、相互影响的。一方面，非生物环境（如气候、土壤等）决定了有什么样的生物群落，而一个地区的生物群落也会影响着该地区的非生物环境；另一方面，非生物环境能为生物群落提供能量和物质，是生物群落得以运行的必要条件，使得能量和物质的循环从生物群落的一个子系统转移到另一个子系统，最后又回到环境系统中。因此，生物群落和非生物环境是一种互补关系，能量在生物之间的流动以及物质的循

---

① 王旭烽主编：《中国生态文明辞典》，中国社会科学出版社 2013 年版，第 134 页。
② 李振基等编：《生态学》（修订第三版），科学出版社 2007 年版，第 6 页。

环现象是生态系统的典型行为。地球上有无数个大小不一的生态系统，大到整个海洋、整片陆地，小到一片森林、一个池塘，都是开放的、有物质和能量流入流出的自然生态系统。由此，我们可以简单概括出生态系统的基本特点：首先它是一个动态系统；其次它具有能量流动、物质循环和信息传递三大功能；最后它具有内部自调节、自组织、自更新能力。

所谓"环境"是一个对应于特定主体而言的概念，离开这个主体，就无所谓环境。"环境"是指某一特定生物体或生物群体周围一切的总和，包括空间及直接或间接影响该生物体或生物群体生存的各种因素[①]。环境和生态系统一样，也有着大小巨细之分，这是依据环境相对应的主体而言的。大到整个宇宙，小到基本粒子，都有其存在的一定环境。根据环境的范围大小可将环境分为微环境（micro-environment）、生境（habitat）和大环境（macro-environment），其中微环境和生境指小范围的特定栖息地，大环境指区域环境、全球环境（global environment）和宇宙环境[②]。对于人类来说，环境是指人类赖以生存的、从事生产和生活的外界条件，包括自然环境和社会环境两个部分。一方面，人类也是生活在地球上的一个生物群体，必然要依靠自然环境提供物质和能量才能得以生存和发展；另一方面，人类除了生物属性以外，还具有社会属性，人与人之间有着相互影响的、复杂的社会关系，因此社会环境也是影响人类生产和生活的另一个外界条件。

根据上述对生态、生态系统以及环境的定义，三者在概念上是不同的，但又是相互联系的。一方面，在生态与环境的关系上，环境是指独立存在于某一主体或中心以外的所有客体总和，而生态则是指某一生物与其周围环境或与其他生物之间的相互关系，即环境单方面强调客体，而生态强调客体与主体的关系，常常用关系是否平衡或协调来评价；另一方面，环境与生态通过物质、能量和信息的交换构成的特定边界中统一整体就是生态系统，在生态系统中，任何环境因子的变化都会影响生态关系。事实上，人类在生产和生活实践中，不可避免地会对环境造成影响，

---

① 王旭烽主编：《中国生态文明辞典》，中国社会科学出版社 2013 年版，第 52 页。
② 李振基等编：《生态学》（修订第三版），科学出版社 2007 年版，第 65 页。

而本书关注的重点并不是单纯的环境变化问题，而是考察在人类对环境实施干预后，是否破坏了环境与人以及其他生物的生态关系，从而进一步探究如何维系人与生态系统之间的动态的、平衡的、协调的和谐关系。

二、生态系统的类型及功能

在划分生态系统的类型之前，我们首先来看一下生态系统的构成，简单来说，生态系统由非生物部分和生物部分组成（见图 2.1）。地球上的生态系统划分主要有两种方式，一种是根据受到人类活动影响的大小划分为自然生态系统和人工生态系统，另一种是根据环境中水分的情况划分为海洋生态系统和陆地生态系统两大类型（见图 2.2）。

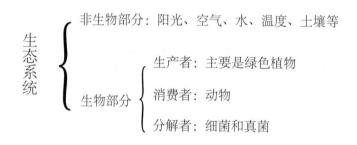

图 2.1　生态系统构成图

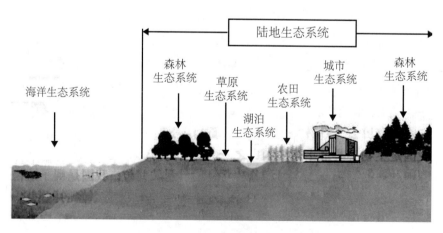

图 2.2　地球上的生态系统类型示意图

资料来源：人民教育出版社课程教材研究所。

26

　　生态系统的功能主要包括三个方面：能量流动、物质循环和信息传递。首先，地球上几乎所有的生物都能直接或间接以太阳能为能量来源得以生存，而生态系统的能量流动则在各个营养级之间进行。当太阳能输入到生态系统以后，能量就以单向的方式通过食物链的联系，沿着生产者、消费者、分解者逐级流动，若是停止了生态系统的能量供给，或是生态系统在某个能量流动过程中出现了断裂，那么生态系统将彻底崩溃。其次，生态系统中的各种生物不仅依赖于能量的供应，也要依赖于各种营养物质的供应，即生态系统中的物质循环过程。生态在地球上形成了四大圈：生物圈、大气圈、水圈和岩石圈，这四大圈之间不断地进行着各种物质的交换。在正常情况下，各个圈之间物质流动的收入与支出应该是平衡的，否则生态系统的功能将发生障碍。最后，生态系统还具有信息传递的功能。在生态系统中，种群之间、同一种群内部的个体之间以及生物与环境之间都可以进行信息的表达和传递。信息传递通过各种方式将生态系统中的各个部分连接成一个统一整体，具有调节生态系统稳定性的功能。

　　生态系统除了其本身具有的生态性功能，在与人类的互动过程中，也具有相应的人文功能。《千年生态系统评估报告》（*the Millennium Ecosystem Assessment*，2003）把所有生态系统功能分为4个大类：供给、文化和娱乐、调节、支持功能[①]。供给、文化和娱乐功能主要是那些我们直接使用和认为有经济价值的功能，比如粮食、纤维、木材和旅游业等，调节和支持功能具有重要性是因为它们对生产有经济价值的商品和服务有间接贡献，例如授粉功能和地下水功能是有价值的农业投入。另外，生态系统还具有服务功能。生态系统除了为人类的生存和发展提供必要的生存资源，它还为人类提供了其他许多社会、经济和文化生活必不可少的物质条件。这些由生态系统的物种、群体、群落、生境及其生态过程所生产的物质及其所维持的良好生活环境对人类与环境的服务性能成为生态系统服务（ecosystem service）[②]。生态系统服务有诸多类型，主要来说，维持生

[①] 国际复兴开发银行/世界银行：《变化中的国家财富：对可持续发展能力的测量》，王海昉等译，新华出版社2013年版，第27页。

[②] 李振基等编：《生态学》（修订第三版），科学出版社2007年版，第39页。

物的多样性、调节与改善气候、生物防治、休闲娱乐等都是其重要服务项目。

三、生态经济系统

生态系统是由生物群落及其生存环境共同组成的一个动态平衡系统，而经济系统是生产力和生产关系在一定的环境下相互作用组成的系统，也可以指在社会再生产过程中，通过生产、分配、交换、消费各个环节所构成的统一体。任何生产都取决于其周围的环境和物质形态，在商品生产条件下，经济系统的四个环节之间存在着内在的衔接关系，它们之间相互转换的关系形成了经济的循环运动，而这个过程也正是人类通过有目的的活动将自然界的物质形态改变为能满足自身需要的产品的过程。因此，经济系统和生态系统一样，都是通过物质、能量和信息的流动将经济系统内的各个组成部分连接成一个有机整体。由此，我们可以将生态经济系统定义为由生态系统和经济系统通过技术中介以及人类劳动过程所构成的物质循环、能量转化、价值增殖和信息传递等方面相互交织、相互作用形成的复合系统[①]。

生态经济系统既具有生态特征又具有经济特征，由于生态系统和经济系统之间通过利用各种自然资源和社会条件进行物质、能量和信息的转换，从而形成生态经济合力，产生生态效益和经济效益。生态经济系统中的物质循环和能量流动，不仅仅限于生态系统内部或经济系统内部，而且更多的是自然生态系统和人类经济系统之间的相互转换和循环，并且人类经济系统必须依靠自然生态系统才能够得以生存和发展。换句话说，生态系统与经济系统的相互交织具有必然性，因为经济活动必须在一定的空间进行，并且依赖生态资源的供给；而凡是人类活动可以涉足的地方，一般也不是纯粹的自然生态系统，而是会被纳入人类经济活动的范围，并打上人类劳动的烙印。因此，在研究生态经济系统时，我们重点要分析其中的生态经济矛盾，透过生态经济的现象揭示其本质。

从人类社会的发展历史来看，生态经济系统大约经历了三个演化发展

---

① 傅国华、许能锐主编：《生态经济学》（第二版），经济科学出版社2014年版，第82—83页。

阶段。最初的是原始生态经济系统，在这个阶段，人类对自然的认识和利用都处于刚刚起步的水平，社会生产力水平还很低下，自然经济处于主导地位。这一阶段经济系统并没有过多地参与到生态系统的构成中，也没有很好地和生态系统结合，两者几乎属于相互独立的状态。随着人类生产力水平的提高和社会的发展，生态经济系统进入到工业文明时期，在此阶段，人类的经济系统通过近乎掠夺的方式融合到生态系统中，通过一定的技术手段大量利用自然资源，形成以经济活动占主导地位且自然环境破坏严重的生态经济系统。如今，生态经济系统的演替已经开始步入人与自然和谐相处的生态文明时期，此时人类已经认识到与自然和谐相处的重要性，并且开始通过一种更协调的绿色方式将经济系统与生态系统融合，力求达到生态效益和经济效益的双丰收。从生态经济系统的演化过程我们可以看到，生态经济系统首先是追求生态和经济双重目标的，这两个目标既相互独立又相互影响，只有两者协调发展才能形成一个良好的统一整体。除此之外，在生态经济系统中，人类的活动涉及方方面面，因此人类在整个系统中具有能动性的主导作用，所以人类才更需要在尊重自然规律的基础上，充分发挥自身的主观能动性，构建一个可持续性强、运行良好的生态经济系统。

四、人类与生态系统的关系

人类与生态系统的关系影响着生态系统运行的状态，即生态平衡或生态失衡。所谓生态平衡（ecological equilibrium）指生态系统的一种相对稳定状态，当处于这一状态时，生态系统内生物之间和生物与环境之间相互高度适应，种群结构和数量比例长久保持相对稳定，生产与消费和分解之间相互协调，系统能量和物质的输入与输出之间接近平衡[①]。进一步来说，维持生态平衡需要达到两个方面的要求：一是生物种类的构成数量要达到相对稳定的状态，即我们通常所说的保持生物多样性；二是非生物环境（水、阳光、空气、土壤等）要保持相对稳定。总之，生态平衡是一种动态的平衡，由于能量和物质在不停地流动和循环，生

---

① 王旭烽主编：《中国生态文明辞典》，中国社会科学出版社 2013 年版，第 148 页。

物个体也在不断地进行更新。

生态系统的平衡度与生态阈限息息相关。生态阈限就是指生态系统具有一种负反馈机制，在一定限度内，生态系统能通过自身调节、自我修复来维持平衡状态。但是，生态系统的自我调节是有一定限度的，如果干扰超过了其本身的调节能力，就会导致生态失衡，这个临界限度就叫生态阈限[①]。在阈限内，生态系统有能力承受外界干扰带来的冲击，从而在一定程度上实现自我修复。若是超过阈限，生态自我调节就会失灵，从而导致整个生态系统慢性崩溃。因此，生态系统的稳定性与生态阈限的大小相互关联，生态阈限越大，即生态系统的组成种类越多、营养结构越丰富，则其稳定性越大、生态系统对抗外界干扰的能力就越强，生态就越平衡。相反，越是简单的生态系统，其生态平衡能力就越弱。

生态失衡既有自然因素，也有人为因素，如何根据自然规律实现人与生态的良性互动、实现经济效益与生态效益的双赢，是需要我们深入探讨的问题。目前，人口的爆炸性增长、自然资源的无节制开发、环境的严重污染、生物多样性的迅速减少等问题已经给生态系统带来了沉重的负担，生态平衡已面临着严峻的挑战。若要维护生态平衡，实现人类社会的可持续发展，我们就应该及时纠正对生态系统的过度干扰行为，同时保持生态阈限在合理的区间范围，更好地处理人与自然的关系，力求保护生态系统的稳定发展。在马克思看来，人类的生产实践活动根本上体现为人和自然之间的物质变换过程，但是如果这一过程超出了自然界本身的承载力，势必会影响自然界原本正常的物质和能量循环，从而导致人与自然之间的矛盾。虽然从表面上看，生态失衡是其内部平衡关系的严重失调，但从更深层次来看，它是人与自然关系的严重失衡，而且这是由于人类不合理的实践活动入侵自然系统而导致的。所以，我们应当在经济发展和生态保护之间寻求平衡，使人和自然之间的物质变换回归正常，而发展绿色经济就是这样一种有效的、可持续的方法。

在谈到人类的位置时，戴维·佩珀认为："一种从生命的最低微形式

---

① 王旭烽主编：《中国生态文明辞典》，中国社会科学出版社 2013 年版，第 164 页。

开始一直到上帝的持续性，在现存的秩序中，每一件东西都有它自己的位置。如果它遵循自己的本性，一切都会处于良好的状态。但如果任何一个物种通过偏离本性打破了这个链条，灾难将随之而至。"[①]生态系统、生态经济系统都与人类社会有着密不可分的联系，它们与人类之间的关系不仅受到自然规律的制约，也引起了不同立场的伦理道德争论，即生态中心主义和人类中心主义两种截然不同的立场。

生态中心主义的观点是，人类只是生态系统的一个组成部分，人类的生存和活动只能也必须服从生态规律。生态的客观规律以及以其为基础的生态道德约束着人类的生产和生活实践，这个约束作用在限制人口和经济增长方面的影响尤为明显。除此之外，生态中心主义还包含一种对自然基于其内在权利以及现实的"系统"原因的尊敬感[②]。与此相似的是环境决定论的观点，从马尔萨斯的人口增长限制理论到早期地理学家认为，人性、相貌特征、民族和社会特征或多或少地由气候、土壤、地势和地理位置决定。

与此相反，大量的人类中心论者和自由市场倡导者往往反对增长极限理论，强调培根的科学知识就是相对于自然的力量这一信条，认为这种力量可以通过扩大自然界"限制"的边界来改善人类命运。他们的论证同样是决定论的，认为人类可以通过足够的因果规律知识来影响自然界的形式和行为，这种规律决定着自然界各要素以及相互间的关系。从欧洲的文艺复兴运动开始，人类历史上出现了前所未有的关于人权解放和自由的浪潮，从而将人的位置推向新的高度，不再认为人是神和上帝的附庸，而是有着自身尊严和价值的独立个体。这样一来，不受约束的人类大大扩张了自己的欲望，逐渐形成了支配自然、控制自然、征服自然的人类中心主义，将人与自然分离甚至是对立起来。弗洛姆在其《为自己的人》一书中对人类中心主义作出了这样一种描述："人道主义伦理学是以人类为中心的；当然，这并不是说人是宇宙的中心，而是说人的价值判断，就像人的其他所

---

① 王旭烽主编：《中国生态文明辞典》，中国社会科学出版社 2013 年版，第 164 页。

② ［英］戴维·佩珀：《生态社会主义：从深生态学到社会正义》，刘颖译，山东大学出版社 2005 年版，第 38 页。

有判断，甚至知觉一样，根植于人之存在的独特性，而且它只有同人的存在相关才有意义。人就是'万物的尺度'。人道主义的立场是，没有任何事物比人的存在更高，没有任何事情比人的存在更具有尊严。"①更有甚者提出了"物的毁灭"观点，海德格尔就认为物的意义就在于它对人类的有用性，且人类就可以为了自己的利益而任意地改造物。而如今，"物的毁灭"已经从抽象的理论越来越多地体现到具体的现实世界中，如物种的灭绝、臭氧层的破坏、生态环境的污染等等。

马克思、恩格斯把人与自然的关系摆在一切历史活动的首位，认为这是研究历史关系或社会关系所有问题的出发点和基础。一方面，马克思不否认人对于自然的依赖性，他认为人同生态系统中的动植物一样，是受到生态系统的约束和限制的，因此人在生产和生活实践中发挥主观能动性时，要尊重客观自然规律；另一方面，马克思充分认识到人的思想意识的作用，认为人是有目的、有意识的存在物，生态系统提供的资源和服务为人类的生存发展奠定了基础，而想要充分利用生态系统提供的这些条件就必须发挥人的主观能动性，通过劳动改造自然。②所以，人类与生态系统的辩证关系在于，生态系统为人类的生存和发展提供必要的自然条件和生态系统服务，这是人类社会存在和发展的基础，但人的主观能动性又决定着人会反作用于自然界，使自然界变成能够适合于人类生存和发展的世界。因此，人类想要发展经济，就必须严格遵循自然客观规律，一旦违反、破坏了自然规律，实则就是破坏了人类自身赖以生存的基础和条件。正如马克思所说："关于某种异己的存在物、关于凌驾于自然界和人之上的存在物的问题，即包含着对自然界的和人的非实在性的承认的问题，实际上已经成为不可能的了。"③所以，想要实现人和自然的和谐相处、经济和生态的协调发展，就一定要充分认识人与自然的辩证关系。

---

① ［美］埃·弗洛姆：《为自己的人》，孙依依译，生活·读书·新知三联书店1988年版，第33页。
② 高爽：《论马克思的生态观与生态文明建设》，《大众科技》2013年第7期。
③ ［德］马克思：《1844年经济学哲学手稿》，人民出版社2000年版，第92页。

第二节 生态是一种新型财富

一、财富的定义

在界定生态财富的概念之前,我们首先要对财富的定义做一个了解。在经济学上, "财富" (Wealth) 一词的含义一直是具有争议的, 不同的经济学家对其有着不同的定义, 他们对于财富的理解和界定的侧重点也各有不同。

通过分析历史上几位著名经济学家对财富的定义, 我们可以大致将财富的定义分为以下几种:

第一种, 把财富与使用价值相关联。两千多年前, 古希腊著名的思想家色诺芬曾对财富下过这样的定义: 财富就是具有使用价值的东西[1]。马克思认为, "不论财富的社会形式如何, 使用价值总是构成财富的物质内容"[2], "更多的使用价值本身就是更多的物质财富"[3]。马克思还认为, 除了劳动以外, 自然界也是财富的源泉, "自然界和劳动一样也是使用价值 (而物质财富本来是由使用价值构成的!) 的源泉, 劳动本身不过是一种自然力的表现, 即人的劳动力的表现"[4]。

第二种, 将财富与劳动相联系。亚当·斯密在《国富论》中写道: "用来最初购得世界上的全部财富的, 不是金或银, 而是劳动; 财富的价值, 对于拥有它并想要用它来交换某种新产品的人来说, 正好等于它能使他们购得或支配的劳动的数量。"[5] 亚当·斯密认为财富并非简单的由金银构成, 而是由劳动构成, 即财富是购买劳动的力量。他还认为, 所谓财富是用能够享受的必需品、便利品和娱乐品衡量的[6]。恩格斯在《自然辩证法》一书中也指出: "政治经济学家说: 劳动是一切财富的源泉。

---

① 康瑞华等:《自然生态环境是全人类的共同财富——福斯特对资本主义财富观与进步观的批判及启示》,《当代世界与社会主义》2013 年第 5 期。
② [德] 马克思:《资本论》第一卷, 人民出版社 1975 年版, 第 48 页。
③ [德] 马克思:《资本论》第一卷, 人民出版社 1975 年版, 第 59 页。
④《马克思恩格斯全集》第 19 卷, 人民出版社 1963 年版, 第 15 页。
⑤ [英] 亚当·斯密:《国富论》(上), 杨敬年译, 陕西人民出版社 2006 年版, 第 42 页。
⑥ [英] 亚当·斯密:《国富论》(上), 杨敬年译, 陕西人民出版社 2006 年版, 第 41 页。

其实劳动和自然界一起才是一切财富的源泉，自然界为劳动提供材料，劳动把材料变为财富。"① 威廉·配第（William Petty）也认为："劳动是财富之父，土地是财富之母。"②

第三种，将财富与人的欲望或需求相联系。马歇尔（Alfred Marshall）在《经济学原理》一书中专门探讨了有关财富的基本概念，他认为一切财富是由人们想得到的东西构成的，也就是能直接或间接满足人类欲望的东西③。马歇尔还把财富的范围扩展到与人类需求相关的周围环境上，他举例道，如果其他情况相同，个人住的地方有比别人住的地方更好的气候、道路、用水和更卫生的下水道，并有更好的报纸、书籍以及娱乐和教育场所，就财富最广泛的意义而言，他比别人享有更多的真正财富。又比如，在寒冷时可能不足的房屋、食物和衣服，在天气温暖时也许就充足了；另外，温暖的气候虽然可以减少人们的物质需要，并使人们只要有少许物质财富的供应就会富足，但是这种气候也削弱了使人们获得财富的精力。阿尔文·托夫勒（Alvin Toffter）和海蒂·托夫勒（Heidi Toffler）在《财富的革命》一书中对财富这样下定义："财富就其最广泛的意义而言，指的是那种能够满足需求或者要求的任何东西。财富体系就是财富被创造的方式，不管是为了金钱与否。"④ 美国经济学家菲歇尔（Irving Fisher）在《利息理论》一书中写道："我认为财富是由人类所占有的实质物体构成的（如果你愿意的话，也可以包括人类本身）。这种所有权可用合伙权利、证券股份、债券、抵押以及其他各种财产权的形式，分由不同的人们所掌握。无论它用什么方法来分配和用什么文件来代表，全部财产只不过是达到一个目的——收入——的手段而已。"⑤

---

① 《马克思恩格斯选集》第 3 卷，人民出版社 1972 年版，第 508 页。
② 《马克思恩格斯全集》第 31 卷，人民出版社 1998 年版，第 428 页。
③ ［英］阿尔弗雷德·马歇尔：《经济学原理》（上），陈瑞华译，陕西人民出版社 2006 年版，第 63 页。
④ ［美］阿尔文·托夫勒、［美］海蒂·托夫勒：《财富的革命》，吴文忠、刘微译，中信出版社 2006 年版，第 19 页。
⑤ ［美］菲歇尔：《利息理论》，陈彪如译，上海人民出版社 1999 年版，第 10 页。

第四种，把财富认为是具有交换价值的东西。托夫勒在《财富的革命》一书中进一步指出，财富指任何财产，或是共有或是独有，并具有经济学家们所谓的"用途"——它给我们提供了某种形式的安乐，还可以用于和其他形式的能够提供安乐的财富来交换[①]。英国著名经济学家戴维·W.皮尔斯（David W.Pearce）主编的《现代经济学词典》中对"财富"一词的定义是："任何有市场价值并且可用来交换货币或商品的东西都可被看作是财富。它包括实物与实物资产、金融资产，以及可以产生收入的个人技能。当这些东西可以在市场上换取商品或货币时，它们被认为是财富。财富可以分成两种主要类型：有形财富，指资本或非人力财富；无形财富，即人力资本。"[②] 这被认为是西方经济学对财富的典型而通用的定义，或者说是经济学意义上的财富的定义。

第五种，认为财富一定是具有稀缺性的东西。英国的西尼尔（Nassau William Senior）是较早提出"供给有定限"的古典经济学家，并且把它作为财富的三要素之一。法国经济学家瓦尔拉在谈到关于资源或社会财富的定义时指出："财富指的是所有稀缺的东西，物质的或非物质的（这里无论指何者都无关紧要），也就是说，一方面它对我们有价值，另一方面它可以供给我们使用的数量确是有限的。"[③] 马尔萨斯（Thomas Robert Malthus）的人口理论是一种悲观的论调，从一定程度上也体现了他对自然物质资源稀缺的担忧，他认为按几何级数增长的人口数量与按算术级增长的谷物数量之间存在着不可调和的供求矛盾，从而引发了关于自然资源与人口之间的供求矛盾关系的讨论。所以，判断一种物品是否是财富，除了其应该具备财富的其他特点，还应该重点关注其是否具有稀缺性。若是一种物品只具有使用价值，但非常容易获得而非稀缺的，那它就不会引发人们追求和占有的欲望，也就不算是真正意义上的财富。

---

① ［美］阿尔文·托夫勒、［美］海蒂·托夫勒：《财富的革命》，吴文忠、刘微译，中信出版社2006年版，第14页。

② ［英］戴维·W.皮尔斯主编：《现代经济学词典》，宋承先等译，上海译文出版社1988年版，第640页。

③ 傅国华、许能锐主编：《生态经济学》（第二版），经济科学出版社2014年版，第63页。

最后，我们看一下世界银行对财富的划分。世界银行将财富的概念延伸至产出资本、自然资本以及人力、社会和制度资本，认为这样的综合财富的记录标准才能衡量一个国家发展的可持续性[①]。世界银行采用一种新的综合方法来衡量财富，它对总财富的衡量是以当前财富必会限定未来消费这一直觉概念为基础的。其中产出资本包括机器、建筑物和设备，自然资本包括农业用地、保护区、森林、矿产和能源，无形资本即总财富与产出资本和自然资本之间的差额，它隐含对人力、社会和制度资本的衡量结果，包括对高效经济起促进作用的法制和管理等因素[②]。从世界银行对财富的释义来看，如今"财富"一词所涉及的范围越来越宽泛，它不仅包括我们能实实在在看得见、摸得着的实体财富，还包括隐形的、不易衡量的甚至是靠文化引领的无形财富，这无疑将拓宽我们对"财富"一词的理解范畴，使得我们重新思考一些之前从未涉及的财富的领域。

财富问题从来都是人们关注和争议的焦点，况且我们不能否认财富的多寡对社会的影响是巨大的，贫穷会引起社会的不稳定，而巨大的财富在某种程度上也会起到类似的效应。所以，无论是什么样的财富观，当把生态看作一种财富的时候，我们需要把生态财富上升到马克思主义哲学的高度来认识，这样在讨论生态财富的生产、分配、交换、消费等环节时，我们才能认识到财富的真正本质，才能正确阐释人类追求生态财富的真正意义。

二、生态财富的定义

我们将生态视为能够提供一系列服务的综合财富，而它确实是一种比较特殊的财富，虽然为我们提供了维持生存的生命保障系统，但它仍然同其他财富一样，我们希望生态财富增值或者至少避免不当的贬值，使其可以持续地为我们提供美学上的愉悦和维持生命的服务。生态系统

---

① 国际复兴开发银行/世界银行：《变化中的国家财富：对可持续发展能力的测量》，王海昉等译，新华出版社 2013 年版，第 3—4 页。

② 国际复兴开发银行/世界银行：《变化中的国家财富：对可持续发展能力的测量》，王海昉等译，新华出版社 2013 年版，第 5 页。

也直接为消费者提供服务，我们呼吸的空气、从食物和饮料中吸收的营养、为我们提供保护的遮蔽物和衣服以及我们所获取的一切好处都直接或间接来自生态系统。此外，任何经历过水上冲浪的愉悦、享受过郊野独步的宁静、欣赏过落日余晖的屏息之美的人都能够充分认识到良好的生态环境带给我们诸多无可替代的舒适性。同界定财富的定义一样，在定义生态财富时，我们也应该先从不同的角度来理解生态财富的含义，下面将从三个方面探讨其概念。

首先，我们要意识到把生态作为财富的必要性。如果我们承认家畜、粮食、金银货币等都是财富的不同形式，那么水、土地等生态资源也可以是财富，因为它们也具有使用价值，而且也是被人类通过劳动使用的，因此没有理由不把它们当作财富来看待。马歇尔用泰晤士河的例子说明了这一观点，他认为泰晤士河给英国增加的财富，大于英国全部的运河，甚至大于英国全部的铁路。泰晤士河虽然是自然的赠与（已经改善的航运除外），而运河是人工挖成的，因此我们应当把泰晤士河看作英国财富的一部分。

一直以来，我们将国内生产总值（GDP）作为衡量一个国家经济发展水平的指标，但把 GDP 增长率作为指标的问题在于，当它把商品和服务的生产以及资产变现的价值都作为国家产品的一部分时，它忽略了在这个过程中生态资源的减少和环境被破坏所带来的损失，因此这种增长是不可持续的。事实上，把自然资本转化为其他财富形式才是通往可持续发展的途径，尤其是对依赖不可再生自然资源的国家来说。因此，生态资源理应在国家的财富管理中得到特殊关注，即便对于那些自然资本在财富中所占比例不高的国家也是如此。因此，有学者就直接将生态系统视为生态财富，虽然这与本书所认为的生态财富的定义有出入，但是可以从另一个方面突出生态作为财富的重要功用。封泉明就认为生态财富是指能满足人的生命活动需要的生态系统及其实现生态服务功能的能力[1]。所以，从生态资源对人类生存重要性的方面，他简单地将生态财

---

[1] 封泉明：《马克思的生态财富思想及当代价值》，《合肥工业大学学报（社会科学版）》2013 年第 2 期。

富定义为能够满足人们生产生活需要的自然资源与生态环境。

其次，生态财富与人类劳动息息相关，这是本书界定生态财富概念时重点要突出的地方。在界定生态财富的范畴时，从前文马克思、恩格斯以及配第对财富的定义中，我们可以认为，生态系统中的生态资源如水、大气、动物、植物等是天然存在的，具有满足人类生活生产的使用价值，但是它们并不能成为生态财富，只有在加入人类的劳动，把它们开发（采）、加工以后，它们才能变成具有价值且可以被用来分配和交换的生态财富。由此，从劳动与生态资源关系的角度，我们可以将生态财富定义为在有人类劳动参与的前提下，生态系统为人类提供的具有使用价值的所有生态资源及生态系统服务，其中生态系统服务主要指生态系统在维持气候稳定、生物多样性、生态平衡等方面的功能。

最后，我们还可以从稀缺性的角度来进一步深化对生态财富的认识。如果自然资源是无限的，那就没有必要讨论合理利用资源的问题了，因此在谈到生态财富问题时，我们不得不引入稀缺性的概念。约翰·穆勒在谈到土地资源时就指出，大多数自然要素的数量是有限的，即使土地数量再多，靠近市场或交通便利的土地，通常在数量上也是有限的，也就是说，适于人们拥有、耕作或利用的土地不是那么多①，因此自然要素往往是具有稀缺性的。美国生态经济学家赫尔曼也谈到了生态财富的稀缺性问题，他认为生态财富是具有拥挤性的，即一种拥挤的资源是指近似于稀缺的资源，且拥挤性是一个规模问题：随着规模的增加，随着世界变得越来越满，从前丰富的资源现在会变得稀缺②。

具体到生态资源上，我们也可以从稀缺性的角度来确定哪些生态资源可以被称作生态财富。首先我们要考虑一下收益和成本的问题，才能确定一种生态资源对人们是不是有用。例如，耕地对于农民来说是具有使用价值的，但是如果农民因为使用耕地而要缴纳的税费太高，以至于

---

① 傅国华、许能锐主编:《生态经济学》(第二版)，经济科学出版社 2014 年版，第 62 页。

② [美]赫尔曼·E.戴利、[美]乔舒亚·法利:《生态经济学：原理和应用》(第二版)，金志农等译，中国人民大学出版社 2014 年版，第 156 页。

农民种地的成本远远大于其收益，那农民肯定就会放弃耕地，那耕地就无用了。再比如，沙漠本身看似是无用的，但如果开发沙漠旅游业能够带来经济收益，那沙漠就是有用的了，那就可以从经济学的角度来研究沙漠这一生态财富的价值。稀缺是一个相对的概念，是相对于人的需要而言的。比如说空气，对于人类的行为而言，呼吸空气不需要付出任何成本，是免费物品。但是由于空气污染严重，人们想要得到优质的空气来呼吸时，此时清新的空气就是稀缺的，人们甚至愿意为了优质的空气付费或是投入大量金钱和劳动进行空气净化，那它就是生态财富。又例如，在奴隶社会，奴隶是稀缺的，因此占有更多奴隶资源的人就是富有的；在封建社会，土地是稀缺的，因此拥有更多土地的地主就是富裕的；在资本主义社会，资本是稀缺的，因此拥有越多资本的资本家就越富裕。那我们也可以说，在如今的生态文明时代，拥有越多生态财富的人就是越富有的，而这个生态财富则是指更优美的生活环境、更干净的水源、更优质的空气等。如果说理性的经济人都是要追求财富的，因此探讨如何获取更多的生态财富就变得更有现实意义了。

第三节 生态财富的三大特征

一、地域性

生态财富是依托在生态资源和生态环境上的财富，其特征和性质必定和生态系统的特点相关。因此，生态财富根据生态资源的分布特征可以分为不同类型，而这也决定着不同生态资源再分配的可能性和形式。在这里，我们主要考虑具有明显地域性的、不可移动的生态财富的特征，这也是我们为什么要对其进行计量、货币化或证券化以进行市场交易的重要原因，或者说这是我们在建立生态补偿等制度时要考虑的重要因素。对于不可移动的生态财富，我们在对其进行货币化或证券化时，往往需要诸如银行一类的金融机构作为媒介，使生态财富能够在市场上进行交易，例如一些银行发行了绿色债券，又如一些地方成立了碳交易中心来买卖碳汇等。

首先，我们不可否认有一些生态财富是可以移动的，如空气、江河等，人类可以开掘运河、渠道，把河流引到需要的地方，如南水北调就是建立在其可移动性上的。此外，一些生态资源可以在变成制成品后作为生态财富移动，如矿石、木材等，这类生态资源可以加工成不同程度的半成品和成品输向资源短缺的地区。然而，也有很多生态财富是不可移动的，例如山峦、土地、草原等，其中土地资源就极具代表性。土地资源的不可移动性决定了固定在土地上的房屋、道路、桥梁、港口等资产的不可移动性，这也是我们将它们称为不动产的重要原因。

当面对这些固定在某一地域且不易移动的生态财富时，我们不可避免地需要对其进行货币化或证券化，从而方便评估其其他方面或更深层次的价值。如果只是简单地对某些人类还未干预的生态资源进行定价，如某块土地，我们可以说这块土地是具有相应的价格的，可以进行交易，其价格由供求关系决定。然而生态财富绝不仅仅是简单的生态资源，往往难以评估的是由生态资源所产生的生态效益。比如一片森林，也许我们可以将其砍伐后用作木材交易，但若是我们想要知道这片森林对于当地生态环境带来的效益，如优良的空气质量，而不需要直接将这一片森林砍伐成木材带到市场上交易时，我们就要对其提供的生态系统服务价值进行评估，而此时我们必须依托货币、证券等金融工具来大致评估这一生态效益的价值，从而才能进一步考虑如何将这些固定在某一地域的生态财富流动地进行交易和配置，以增加其灵活性和可操作性。

生态资源的分布、存量、质量等受到周围环境的影响很大，因此生态财富具有显著的地域差异，不同国家、地区和种族的人们所享有的生态资源和生态环境以及所拥有的生态财富的多少都存在着很大差异。从人对资源和环境的占有角度来说，生态财富来源于不同国家和地区利用生态条件创造的物质财富、进行市场交易的个别行为，不是全人类的整体行为。因此，我们在考量一个国家或地区的生态财富状况时，要充分考虑其所处的生态环境的地域性特征。

二、整体性

生态是统一的自然系统，是相互依存、紧密联系的有机链条。"人的命脉在田，田的命脉在水，水的命脉在山，山的命脉在土，土的命脉在树"①，习近平同志用"命脉"把人与山水林田湖草生态系统及其各要素之间连在一起，生动形象地阐述了人与自然唇齿相依、共存共荣的一体化关系，突出了生态是统一的自然系统，是各种自然要素相互依存实现循环的自然链条。由于各个生态资源要素有不同程度的联系，因此建立在其基础上的生态财富也相应地具有整体性特征。全球生态学中有一个连锁反应原理，即地球上某一物种的灭绝或某一敏感成分的变化将引起一系列的连锁反应②。在自然界各种各样的事件是一环扣一环的，当把系统中某一环节移除后，必然引起相关环节的变化。1963 年，美国麻省理工学院气象学家洛伦兹提出的蝴蝶效应就很好地从一个侧面说明了地球上自然生态系统相互关联的现象。一只在南美洲亚马孙河流域热带雨林中的蝴蝶扇动几下翅膀，由此扇动其身边的空气流动，这一微弱的空气流动就会影响它周围其他气流的变化，从而产生一系列的连锁反应，最终大约在两周后引起美国德克萨斯州的一场龙卷风。

物种灭绝现象也是说明生态财富具有整体性的一个例子。地球上一切自然物种及其群落都与其所在地域的环境条件相适应，只要条件不变，就能长期生存。然而，由于人类活动的加剧，比如过度开发、盲目引种、破坏生态等行为，打破了自然界原有的平衡，导致物种的灭绝。一个物种的存亡，同时还影响着与之相关的多个物种的消长。据研究，每灭绝一种植物，便有 10—30 种依附于它的昆虫及高等动物随之灭绝③。生态系统的每一种要素始终都是联系在一起的，它们构成一个庞杂的网络，无论是捕食者还是猎物，抑或生产者、消费者、分解者，它们都是相互影响和制约的，正如歌德所言："万物相形以生，众生互惠而成。"在生态系统中，即使是某个局部物种的灭绝，也会明显改变和影响其他相

---

① 中共中央文献研究室编：《十八大以来重要文献选编》（上），中央文献出版社2014 年版，第507 页。
② 李振基等编：《生态学》（修订第三版），科学出版社 2007 年版，第220 页。
③ 李振基等编：《生态学》（修订第三版），科学出版社 2007 年版，第235 页。

关物种甚至种群的生存状态，从而一环一环地、累积地导致其他物种的相继灭绝，这就是多米诺现象在生态系统中的体现。

通过温室效应我们可以对生态财富的整体性特征有一个更具体和深入的了解。温室效应又称"花房效应"，是大气保温效应的俗称。"大气能使太阳短波辐射达到地面，但地表受热后向外放出的大量长波热辐射线却被大气吸收，这样就使地表与低层大气温的作用类似于栽培农作物的温室，故名温室效应。"[①] 温室气体如二氧化碳在大气中的排放量越多，其流出的热量就越多，从而导致地球温度上升，这种现象就是温室效应。

温室效应本来是一种自然现象，它使地表温度保持在比没有温室效应高 33℃ 左右的水平上，从而使这一温度足以维持地球上的生命。然而，自工业革命以来，越来越多的二氧化碳通过化石燃料（如石油、煤炭等）燃烧、农田开垦、森林砍伐并焚烧而进入大气，使得大气中温室气体的浓度越来越高，导致全球气候变暖，并带来一系列的连锁反应。如冰川融化导致海平面上升，使得一部分沿海城市可能要内迁，由此造成的经济损失将是巨大的。因此，1992 年联合国环境与发展大会上签署的《联合国气候变化框架公约》要求稳定二氧化碳等温室气体的浓度，通过改进能源结构、提高森林覆盖率等措施防止全球升温，同时也能明显改善生态环境。

以上事例都表明，生态财富具有整体性特征，因此在考量生态财富的创造和运动时我们必须具有整体性的视角，要充分考虑不同生态财富之间的相互影响和联系。例如，当我们没有将一片森林砍伐成木材去赚钱时，也许我们并没有损失这一笔财富，因为当我们保护好这一片森林时，它吸收了更多的二氧化碳，缓解了温室效益，为人类的生存或是其他经济活动提供了更好的条件和基础，这难道不是带来了更多的财富吗？生态财富除了有各种对人类有利的生态功能，还有一些看似对人类没有直接利用价值的要素，但其实这也是整个生态系统不可缺少的，也是维护生态系统完整和稳定的必不可少的条件。因此，不同的生态财富即使在性质和作用上存

---

① 刘霞：《人类面临的七大威胁》，《科技日报》2016 年 5 月 1 日。

在区别，但是都具有类似的保护生态系统完整和平衡的功能，而且一个健康的生态系统对体系中所有要素的持续存在都具有重要意义。若要保持某一种生态财富的持续性增长，其前提和基础就是要保证整个生态系统的平衡与稳定，任何单一要素的力量都无法与整个系统的力量抗衡。总之，生态财富的整体性特征表明，生态财富关系到整个人类的利益，对于不同国家、不同民族、不同个人来说，生态财富具有超国界性，任何国家、民族、个人都不能抛开人类的整体利益去追求自己的生存和发展。

三、循环再生性

人类生存的环境主要涉及地球表层的大气圈、水圈、生物圈、岩石圈乃至太空，人类从中获取空气、阳光、水、食物（主要是动植物）、矿石等生态财富。在当代科学技术条件下，人类对生态系统的认识还只是初步的。人类及其欲望的无限扩张，可能会破坏生态完美的循环系统。人类与生态系统的关系主要通过物质、能量、信息的交换来得以实现。地球的自转、公转和重力是造成诸如大气循环、水循环、生物循环的动力，而人类的生产生活是促进、阻碍乃至破坏生态循环的主要原因。人口数量及需求欲望的扩张导致地球表面生态系统循环受到阻碍，例如人工水坝的构筑造成河水断流影响了生态水循环的正常运行，又如人类排放的废气导致大气污染从而破坏了大气系统的循环，等等。人类很多活动导致的生态系统循环的破坏程度难以评估。以上举例的这些人类活动对生态所造成的破坏可能是不可逆转的，生态系统最为完美的自然循环系统将可能转向畸形的循环系统，生态自然循环为人类提供的生态财富的创造能力将会大大减少，甚至将会终结某些生态财富的创造。

若是生态财富的循环受到了影响，其再生也不可避免地会受到阻碍。就自然界来看，不是所有满足人类需求的生态财富都是可以再生的，有的生态财富一旦用尽不可能再生，即会陷入生态财富的再生陷阱。人类的扩张包括人口的增加和需求欲望的增加，生态系统的循环再生只要在其阈限值内就能提供满足人类扩张需求的生态财富量，此时不论是自然界还是人类社会都是可持续发展的。然而，若是人类的无限制扩张导致生态系统的循环再生超过了其阈限范围，就会出现生态财富的再生陷阱，此时生态系统已发生了不可逆的改变，而人类将因此得不偿失。人类的可持续发展要求生态系统不能陷入生态财富再生陷阱，生态一旦被破坏，其恢复的成本高昂，将无法提供足够的生态财富供人类生存和发展。

因此，人类的可持续发展要求人类要保护好并实现生态财富再生能力最大化。生态财富的物质基础是生态系统中的各种产物，无论是阳光、空气、水，还是动植物，都有其各自循环再生的周期。例如，动物的成长、树木从种植到成材、农作物从播种到收割等等，都需要一定的时间。因此，生态财富的再生在一定程度上具有时间性，且这个时间与生态资源的循环周期应该是相协调的。若想在某种自然生物还未完成生长周期就提前利用，如未等鱼苗长成成鱼就捕捉或是没等树苗长成木材就砍伐等行为，不仅不能充分利用这些生态资源所带来的财富，而且还可能因为提前透支造成生态财富的不可持续性。这正如在银行存一笔定期一样，若是不等到到期之日，拿回来的只能是本金，而利息将大打折扣，再加上贴现等因素，损失只会越来越大。

一方面，我们不能过早地透支生态财富；另一方面，我们也不能延误创造生态财富，这样会丧失掉更多的机会成本。正如前面所说，生态资源都有自己的生长周期，在这个过程中，投入与产出问题必须加以考虑。如饲养一只猪，当它还是幼崽时，每日喂养它的饲料投入成本会小于其成长所带来的产出收益，因为此时小猪体重等各方面增长迅速。然而，若是待猪已经长大到其生理上的极限时，此时投喂更多的饲料带来的收益只会越来越少，甚至投入成本会大于产出收益。因此，理论上最好的情况是当边际收益等于边际成本时，停止对猪的喂养，将其拿到市场进行交易或是以其他方式处理它是最经济的办法。

在传统的经济学中，最优规模常常是分析问题的重要目的。一般来说，当我们投资某项经济活动时，初期增加该项活动的成本投入，收益也会随之增加；但是，一旦达到某个程度以后，成本就比收益上升得更快，此时，继续增加投入产生的额外收益将不等值于它所产生的额外成本。也就是说，当边际成本等于边际收益时，经济活动就达到了最优规模。

如果成本的增加超过了这个最优点，那么与收益相比，成本增加得更多。因此，这样的增加将使我们变得更穷，而不是更富。当我们将这一基本原理与分析生态财富结合起来时，我们首先要考虑的就是"何时停止原则"[①]，即何时停止增长才能达到某一项生态财富的最优规模。由此我们可以得出一个结论：生态财富的创造受到其循环再生规律的约束，想要创造更多的生态财富必须考虑与其密切相关的生态资源固有的循环周期，这样才能物尽所用，达到利润最大化。

总之，人类的生存寄托在自然生态系统的良性运行基础上，而其他生命的生存也寄托在自然生态系统完好的基础上。这就要求人类将生态财富的良性循环当成自己生存发展的内容和责任之一，将其当作人类健康发展的一个有机成分加以保护。保护生态环境必须遵循生态系统内在的机理和规律，正如习近平同志强调的，要坚持保护优先、自然恢复为主，全面提升自然生态系统稳定性和生态服务功能，牢筑生态安全屏障[②]，通过减少人类活动的负面效应来促进自然修复，更多地顺应自然，给自然留下休养生息的空间。

第四节 生态财富公有制是绿色发展的前提条件

一、界定生态财富所有权的意义

正如马克思所阐述的商品具有使用价值和价值二重性一样，即商品的天然属性和社会属性，财富应具有自然属性和社会属性二重性，生态财富也如此。前面讨论了生态财富的自然属性，在此有必要讨论生态财富的社会属性。生态财富的社会属性最为核心的是所有权性质，而马歇尔在其所著《经济学原理》一书中谈到财富的概念时写道："财富的个人和国家的所有权是以国内和国际的法律为根据的，或者至少是以法律

---

① ［美］赫尔曼·E.戴利、［美］乔舒亚·法利：《生态经济学：原理和应用》（第二版），金志农等译，中国人民大学出版社 2014 年版，第 16 页。
② 《习近平谈治国理政》第二卷，外文出版社 2017 年版，第 79 页。

效力的风俗为根据的。"[1]生态财富一旦成为稀缺资源，也就成为了有价值的资产，但我们必须明确谁拥有这些资源。例如，当二氧化碳排放总量被限定在一定范围之内时，二氧化碳排放权就不再是一种免费的商品。谁拥有这种排放权？是以前的用户？还是所有公民平均分享？抑或归国家集体所有？在市场交易解决这些配置问题之前，必须对分配问题给出某种答案，因为人们不能交易不属于自己的东西，通过限制资源的利用规模以及将资源的所有权作出分配，便可以将非市场商品转换成市场商品。但是，正如前面所述，并不是所有的物品都可以转化为市场商品，许多生态财富与生俱来就是非竞争性的和非排他性的。

生产者和消费者使用生态财富的方式取决于支配这些财富的所有权，通过考察生态财富的所有权及其影响人类行为的方式，我们能够更好地理解政府和市场的资源配置中为什么会产生生态问题。界定生态财富所有权的目的在于明确其归属，表明生态财富的所有者能够对其行使一定的权利。所有权是指所有权人依法对其财产（动产或者不动产）享有的占有、使用、收益和处分的权利，是一种财产支配权。所有权的核心和灵魂是支配权，它通过支配权而体现它的存在，它本身概括和赋予了所有人实际享有的占有、使用、收益和处分的权能[2]。所有权可以授予个人，像资本主义经济那样，或者授予国家，就像中央计划的社会主义经济那样。当某一产权主体拥有了某类生态系统服务的所有权时，认为其同时拥有了该类生态系统服务的使用权、收益权和让渡权，即拥有所有权时，产权是完整的。只有当所有权得到明确界定时，生态财富的所有者才会有强烈的动机去有效使用生态资源，因为生态财富价值的降低意味着个人的损失。例如，拥有土地的农民对土地有施肥的动机，因为这会增加产出并提高他们的收入。同样，他们有动力进行轮作以提高土地生产率。

只有界定好了生态财富的所有权，人们使用生态财富的方式才会被限

---

① ［英］阿尔弗雷德·马歇尔：《经济学原理》（上），陈瑞华译，陕西人民出版社2006年版，第72页。

② 佟柔主编：《论国家所有权》，中国政法大学出版社1987年版，第21—22页。

制，要使人们对自己的行为所产生的后果负责，就要通过一定的方式让他们承担自己行为的成本，而所有权的界定就可以确定谁受益，谁受损，谁应该补偿谁。若生态财富的所有权不明晰，是无主物财产资源，即任何个人或团体都没有法定的权力来限制其他人的进入，人们根据先到先得的原则进行开发利用，就会造成大家熟知的"公地悲剧"。而这一悲剧造成的后果是：第一，在需求充足的情况下，不受限制的使用将导致资源的过度开发；第二，稀缺租金被浪费，因为没有人能占有这一租金，所以它就被浪费了。发生这样的现象，主要是由于不受限制的使用破坏了保护资源的动机。如果一个猎人能拥有猎物的所有权，他就能阻止别人捕猎他的猎物，他就会有动机把猎物数量保持在有效水平上；如果猎物是没有所有权的，那利用开放式资源的猎人就没有动机保护资源，因为在某种程度上，其他捕猎者将获得相同的效益。因此，没有所有权的界定，生态财富就不能实现有效的配置，其结果就会造成生态问题。不受控制地获取资源是一个基本的市场失灵，使用资源的权利可以是私有的或者公用的，但是无论怎样，这些权利需要被明确地定义、很好地理解和执行。如果不是这样，人们将缺乏保护稀缺资源和投资维护它们的动力。

二、生态财富的公共属性是界定其所有权的基础

公共物品（Public Goods）是指那些具有消费上不可分性和非排他性的物品，环境资源中公共物品的种类尤为复杂。所谓不可分性是指当一个人对一种物品的消费不会降低其他人可获得的数量，就可以说消费该物品具有不可分性[①]。而非排他性是指这样一种情况：一旦提供某种资源，即使那些没有为它付过钱的人也不能被排除在享受该资源带来的利益之外。许多生态财富都是公共物品，如让人心旷神怡的美景、干净透亮的河水、清新的空气等，人们可以共同享受这些资源。与非排他性相似的是非竞争性，非竞争性资源是指一个人对这种资源的使用并不影响另一个人对它的

---

① [美]汤姆·蒂坦伯格、[美]琳恩·刘易斯：《环境与自然资源经济学》（第八版），王晓霞等译，中国人民大学出版社2011年版，第70页。

使用[1]。反之，竞争性资源是指一个人使用了这种资源，也就排除了其他人对这种资源的使用。因此，一件非竞争性商品或服务则是指一个人对它的使用，基本不影响其他人使用这种商品或服务的质量和数量，如气候稳定性、臭氧层、风景、晴天等是少数几种由自然界提供的非竞争性商品。

排他性资源是指这种资源的所有权使得所有者有权使用它，同时排除别人使用它的权利[2]。但是，对于某些商品和服务而言，要使它们具有排他性是不可能的，或者非常不切合实际。我们无法想象，哪一个人可以独自拥有气候稳定性，或大气气体的调节功能，或避免紫外线辐射，因为没有可行的制度或技术能够允许一个人拒绝所有其他人对这些东西的使用。排他性是制度安排的结果，在缺乏所有权制度保护的情况下，任何商品都不具有真正的排他性，除非这种商品的拥有者具备实质性的能力可以阻止其他人使用它。因此，排他性本质上并不是一种资源财产，而是控制资源利用的一种体制特征。然而，许多商品和服务，尤其是生态财富，其具有的某种特征使我们无法作出一定的制度安排以使其具有排他性。例如，使某些人对臭氧层、气候控制、水资源管理、野生花粉的授粉以及其他许多生态系统服务的效益具有独占的所有权是不可能的。对于某种生态财富，如一片森林，建立具有独占性的所有权常常是可能的，但同时对于其所提供的服务，如区域气候控制而言，则建立同样的所有权几乎是不可能的。

我们知道，生态财富具有外部性，而外部性是市场失灵的一个重要原因，人们在所有权实践中经常违反排他性特征，当一个主体作出一项决定且不用承担其行为的后果时，就出现了一类广义的排他性破坏。假设有两家企业都位于同一条河边，第一家生产钢材，而第二家稍靠近其下游，经营一家度假酒店。尽管使用方式不同，但两家企业使用同一条河流。钢铁厂把河流当作其废物的接收器，而酒店在河流上开展水上娱乐项目以吸引消费者。如果这两家企业的所有者不同，那么就不可能实

---

[1] ［美］赫尔曼·E.戴利、［美］乔舒亚·法利：《生态经济学：原理和应用》（第二版），金志农等译，中国人民大学出版社 2014 年版，第 67 页。

[2] ［美］赫尔曼·E.戴利、［美］乔舒亚·法利：《生态经济学：原理和应用》（第二版），金志农等译，中国人民大学出版社 2014 年版，第 67 页。

现对水资源的有效利用。因为钢铁厂没有承担废物排入河流导致的酒店的营业损失，钢铁厂的决策就不可能会受到该成本的影响，预期钢铁厂会向河流倾倒更多的废物，因此就不可能实现河流资源的有效配置和保护。这种情形被称为外部性。无论何时，某个主体（厂商或家庭）的福利不仅取决于其自身的活动，而且受制于其他主体的活动，这时就存在外部性。在本例中，河里增加的废物对酒店造成了外部成本，而钢铁厂在决定倾倒废物数量时并没有对此进行考虑。

那么，如果生态系统提供的商品或服务是非竞争性的，或者是非排他性的，抑或二者兼而有之，情况将会怎样？简单的答案就是，市场将不会提供这些商品，或者不能有效地配置它们。然而，如果我们要设计政策并作出制度安排，使得非竞争性和非排他性资源能够有效配置和生产，那么就需要更加谨慎。有效的政策必须就某个特定商品或服务具有的排他性、竞争性和拥挤性特征的具体组合而定。表2.1列出了这些特征的可能组合。

表 2.1　排他性、竞争性和拥挤性的市场关联 [①]

	排他性	非排他性
竞争性	市场商品：食品、服装、汽车、住房、污染受控时的废弃物吸纳能力	开放使用资源（公地悲剧），如海洋鱼类、为保护森林的采伐、空气污染、污染未受控时的废弃物吸纳能力
非竞争性	潜在的市场商品，但如果如此，人们消费的数量将小于他们应该消费的数量（如边际效益仍然大于边际成本），如信息、有线电视和技术	纯公共物品，如灯塔、路灯、国防以及大多数生态系统服务
拥挤性	服务费商品或俱乐部商品：稀缺时为市场商品，丰富时边际价值为零。当价格随其用量而波动时，效率达到最大，或者以成立俱乐部的方式以避免资源变得稀缺，如滑雪胜地、收费道路和乡村俱乐部	开放使用资源：只有在利用高峰期才可以有效地使它们具有排他性，如免费道路、公共海滩和国家公园

———————

① ［美］赫尔曼·E.戴利、［美］乔舒亚·法利：《生态经济学：原理和应用》（第二版），金志农等译，中国人民大学出版社2014年版，第157页。

有些生态财富尤其是与政策选择高度相关的、由生态系统功能提供的公共物品还会引发一些复杂情况，因为生态系统可以为不同的人群提供不同的公共物品和服务。例如，原生性红树林提供的强风暴保护是局域性的公共物品；红树林保护养鱼场则是一种区域性的公共物品；而红树林作为碳的储藏库可以促进全球气候的稳定，这便是一种全球性的公共物品。许多生态系统服务都是提供关键服务的公共物品，而现行管理公共物品的政治和经济体制很不完备。从全球层面来看，这类服务功能包括避免过多的太阳辐射、全球气候控制以及生物多样性在维持生命网中的作用。从地域层面来看，生态系统提供了对微气候的调节、缓解风暴的损害以及保持水质和水量，所有这些都是维持社会基本生存所必需的。

全球生态系统创造维持生命的生态财富和生态系统服务，任何接受这个基本前提的人都必须相信，公共物品极其重要。然而，市场经济理论对公共物品的生产和分配几乎没有给出什么建议。赫尔曼就曾尖锐地指出："很多努力都用在了评估个人为公共物品付费的需要和意愿上，所有个体愿为公共物品所付费用总和，就被看作公共物品的总价值。将这个总价值与总成本相比较，而总成本通常能够更为客观地为人所知。经济学坚持把所有价值简化为个体的支付意愿，而不是公共利益或共同财富这样的有机概念，其极端个人主义在这里表露无疑。"①

生态经济学隐含的一个假设就是，许多最稀缺和最基本的资源都是公共物品（自然资源提供的服务），但是现有的经济体系却只强调市场商品。如果市场对生产市场物品极其有效，但对生产或保护公共物品却糟糕透顶，那么随着时间的推移，公共物品相对于私人物品而言，将不可避免地变得越来越稀缺，这便会产生宏观配置问题，即资源在市场和非市场商品和服务之间的配置问题。正如大多数经济学家所认为的，市场并不能合理地生产或有效地配置公共物品，因为公共物品既是非竞争

---

① ［美］赫尔曼·E.达利、［美］小约翰·B.柯布：《21世纪生态经济学》，王俊、韩冬筠译，中央编译出版社2015年版，第53页。

性的，也是非排他性的。生态财富在某种程度上就是公共物品，只有明确了生态财富的公共属性，我们才能据此合理地界定其所有权，从而对其实施有效的配置。

三、生态财富所有权的界定

马克思认为所有权反映了生产资料的归属，它是所有制的核心，其目的在于获取经济利益。所有权是建立在所有制的基础上的，而所有制又与生产力发展水平息息相关，无论是公有还是私有形式，都要根据具体的实际情况来判断是否合理。所有权和所有制相互联系但又有所区别，所有权是一种法律意义上的所属权利关系，而所有制是一个经济学意义上的经济制度，不同的所有制性质就会形成不同的所有权形式。例如，我国《宪法》中规定，我国有三种基本所有制形式，即全民所有制、集体所有制和个体所有制，那与此相对应的所有权就体现为国家所有权、集体所有权和个人财产所有权。因此，所有制和所有权的关系可以表述为，所有制是贯穿在社会生产各个环节中的经济基础，所有制决定所有权，而所有权是所有制的法律表现形式之一。

当谈及生态财富所有权时，我们主要关心的是生态财富归谁所有，并且如何对生态财富进行分配。生态财富所有权是指在法律范围内，所有者把生态财富当作自己的专有物，使其具有排他性以禁止他人侵犯的权利。生态财富所有权表明了所有者对生态财富的所属关系，排斥他人违背其意志和利益侵犯他的所有物，且在法律许可范围内，对生态财富拥有其他权利，如转让权、使用权等，即所有者可以对他的所有物进行权利的分解，且能利用所有权收取一定的经济利益。在马克思的论述中，所有权是一个历史概念，在不同的历史阶段和不同的社会生产关系下，所有权的形式是有所区别的。例如，在资本主义社会，几乎所有的生产资料都归资本家所有，劳动者付出劳动却无法拥有自己的劳动成果，因此资产阶级和无产阶级是对立的，而且随着生产资料越来越多地向资本家聚集，这种对生产资料的不平等的所有关系，最终将导致资本主义的灭亡。由此可见，所有权在表面上虽然体现的是主体与物之间的一种归属关系，实际上反映的是一种社会生产关系，甚至可以间接体现出人与人之间、阶级与阶级之间的关系。

界定生态财富的所有权的重要目的之一就是使其具有排他性，当以法律的形式规定了某一主体对某物的占有或所有权利时，就从某种程度上授予了该主体对该物的权利，其他主体就不能随意占有、支配或使用该物。无论是私人所有权还是集体（国家）所有权，其实是表明生产资料归谁所有，其中国家所有权就是一种生产资料归国家所有的所有权形式。马克思提出了以生产资料公有制为主的所有权思想，其目的主要在于改变生产资料的社会性质，避免其只被少数人占有，这符合社会主义所追求的实现全体人民利益的基本要求。生态财富具有公共性、外部性等特征，其大部分所有权必须是属于国家或集体所有的，这才能充分保障其创造和运动的方式符合全人类的共同利益，而不是被少数人肆意挥霍和破坏。不过，正如我国以公有制为主体、多种所有制经济共同发展的基本经济制度一样，生态财富相应的所有权也需要适当地给予私人所有，这样在具体的实践操作中才能更加灵活地对其进行配置和使用。

所有权和排他性并不是生态财富的固有特性，没有一种物品天生就是具有排他性的，也没有任何一个人天生就拥有产权，除非存在一种社会制度，使得这些物品具有排他性，并为它们分配产权。所有权不一定就是私有的，所有权既可以属于个人、社区和国家，也可以属于国际社会，或者不属于任何人。虽然许多传统的经济学家主张私人财产的权利，但是我们已经知道，私有财产权不可能适用于所有情况，如臭氧层的所有权。此外，许多文化已经成功地管理了公共财产资源数千年，几乎所有国家都有一定的资源归国家所有。一些国际协议，如《蒙特利尔议定书》《京都议定书》等，也已经认识到国际社会有必要对某些资源拥有所有权，并对其进行管理，寻找合适的政策使其既不能够也不应该只限于那些私人财产权利的范围之内。在生态财富的所有权归属上，世界各国在对待重要的生态财富时，基本上都是采取国家或集体所有的方式。例如，欧洲实行土地中央集权制度，墨西哥所有的地下资源产权归国家所有，西班牙、法国、南非、智利、日本、澳大利亚等国的水资源所有权归公共所有，全球 84.4% 的森林是公有林（指林地所有权，包括国有和集体）[1]。国家所有权不同程度地存在于世界上所有的国家中。例如，公园和森林无论在资本主义国家还是社会主义国家通常都是由政府所有和管理的，这样的好处在于，当制定或执行资源利用的相关规则与集体的利益背离的时候，就凸显出了国家所有权制度的效率和可持续性的问题。

如果生态财富的所有权得到明确的界定，并且允许所有者与希望利用生态财富的人进行协商，则不管所有权最初被赋予哪一方，在一定程度上都最终能够实现有效的生态治理。例如，现行的生态补偿制度、排污权交易、碳交易等都是在界定了生态财富所有权的基础上实施的生态治理措施。为了达到有效的生态治理水平，在界定生态财富所有权时必须满足两个基本条件：第一，所有权能够被很好地界定、执行、转让；第二，必须存在一个高效率且充满竞争的环境，使得相关利益者能够共同商讨如何使用所拥有的生态财富。这实际上是经济学上非常著名的科斯定理，将该定理用在这里，其含义可以被理解为：通过界定所有权，无论是私人所有还是公共所有，我们就可以创造一些条件，在这些条件下，参与者通过不断地讨价还价，最终实现生态环境治理的有效水平。

因此，结合生态财富的特征以及我国的实际情况，基本上来说将生态财富归于公有，即集体所有或国家所有，甚至全人类所有才是比较科学的界定。我国《宪法》第九条规定："矿藏、水流、森林、山岭、草原、荒地、滩涂等自然资源，都属于国家所有，即全民所有；由法律规定属于集体所有的森林和山岭、草原、荒地、滩涂除外。"具体来说，可以根据不同的生态财富种类来界定其所有权：第一，对于紧缺的、非生物性的可再生的生态财富，如土地和水资源，一定要保证其国家所有权，要站在国家层面对其的开发、利用和保护制定相关政策。第二，对于一些并非紧缺的生态财富，如沙漠、荒山等，如果仅依靠国家投入就不能有效地对其进行管理，收益也不一定能达到最高，此时就可以考虑引进市场资本，在规定

---

① 中国 21 世纪议程管理中心编著：《生态补偿的国际比较：模式与机制》，社会科学文献出版社 2012 年版，第 59 页。

了这些生态财富的总体功能为生态建设的基础上，对其进行合理的利用。在政府投入收益不大的情况下，有时借助市场的力量往往能实现更大的盈利，但是除了考虑投入和产出因素外，务必要保证这些生态财富实现其生态功能。第三，对于建立在不可再生资源基础上的生态财富，如矿藏、化石燃料等，则需要在国家掌控之下严格管制，但这并不排斥私有资本的进入，但必须建立在严格管制的前提下进行。

总之，财富所有权的界定是需要成本的，而生态财富又是一类特殊的财富，其所有权的界定依据其性质和特点往往采用公有制比较合理。党的十九大报告里也明确提出要"设立国有自然资源资产管理和自然生态监管机构，完善生态环境管理制度，统一行使全民所有自然资源资产所有者职责"[1]。生态财富的公有制可以分层级来讨论：从全球层面来看，生态财富是属于全人类共有的；从国家层面来看，生态财富应该属于国家所有；具体到地方或是集体，生态财富可以属于集体所有。但无论是哪一个层面，都不能抛开生态财富公有的基本前提，因为只有实现生态财富的公有制才能保证其可持续地增长、保证其被公平合理地分配、保证其为人类世世代代的生存发展提供坚实的基础。因此，只有明晰了生态财富的所有权，才能够真正有效地治理生态问题、解决生态危机。

---

[1] 《中国共产党第十九次全国代表大会文件汇编》，人民出版社 2017 年版，第 42 页。

第三章　生态财富的巨大价值为
绿色发展提供不竭动力

生态财富是有价值的，保护生态环境，就是实现生态价值和自然资本增殖的过程，就是保护和发展生产力。党的十九大提出建立市场化、多元化生态补偿机制，就是要探索生态财富价值的实现方式，探索绿水青山变成金山银山的具体路径。生态作为一种财富具有使用价值、经济价值和审美价值，能够满足人类生理和心理的需要。生态财富为满足人类和其他生物的生存而提供的自然资源和生态系统服务就是生态财富的使用价值，而其经济价值和任何其他财富一样，都是由人类劳动创造的。生态财富除了能够以物质的形式满足人类的需求，它还能够以意识的形式来满足人类的精神需求，即生态财富的审美价值。生态财富拥有巨大的经济价值，为生态财富定价是十分有必要的，虽然目前我们无法精准对所有生态财富的价值进行计量，但起码我们要不断地尝试。人类与生态财富同属一个自然，是不可分离的有机整体，我们在经济生产中必须兼顾到资源环境的平衡，把生态财富的价值体现在国民经济核算体系中，以一种全新的发展理念来指导和制定国民经济发展的政策，实现经济社会的绿色发展。

第一节 生态财富的使用价值是人类生存发展的基础

一、生态财富对人类的效用

人类的发展演化受赖以生存的生态财富的约束，人类的生存繁衍促使人类充分利用生态财富。生态财富作为财富的一类首先必须被人类所需、对人类有用，其使用价值也可以看作是其对于人类的有用性，或者称为效用性。人类在长达数百万年的进化史中，相当长一段时间内都是依靠采集植物、狩猎野生动物为生的，也就是说人类很早就开始利用大自然提供的生态财富维持自己的生存需要。随着人类社会的进步，靠植物栽培、饲养家畜获取食物的生产方式使得人类依靠劳动、工具和技术得以迅速发展，从采集狩猎社会到农耕社会再到工业社会，没有人类涉足的自然已经不复存在。生态系统拥有丰富的资源条件，其良好的稳定性为人类的生存所需提供了良好的条件。在人类社会的发展历程中，生态系统不仅支持了现代工业经济的发展，也支持了农业经济、手工业经济等初级的经济形态的发展，甚至在人类还没有经济概念的时候，生态系统就已经在为人类的生存服务了。因此，生态系统不仅是经济正常运行的条件，也是经济产业诞生的条件，对人类具有广泛的使用价值。

从历史的角度来看，自然存在在先，人类出现在后。自然界先有了丰富的使用价值，待人类出现以后，由于人类劳动对自然界的作用，人的具体劳动还创造了自然界的价值，即生态财富的价值。从维持人类社会存在的角度来说，我们既需要自然界创造的使用价值，也需要人类劳动创造的具有社会意义的价值。生态财富所具有的满足人类对物质、能量和信息的基本需求的使用价值自然不用多说，但其更多的使用价值甚至价值是由劳动创造的。生态财富除了本身就具有的使用价值外，其作为生态系统所表现出来的对人类社会的有用性，是由人类具体劳动生产的，也就是说生态财富的使用价值不仅是与生俱来的，也是和人类的劳动密不可分的。

生态财富为满足人类和其他生物的生存而提供的自然资源和生态系统服务就是生态财富的使用价值。具体而言，生态财富的使用价值是指其消纳废物、维持生命和调节平衡的生态功能，且生态财富的有用性，即使用价值，是相对于人类和其他生物的需求而言的。正如挪威哲学家阿恩·纳斯在研究"深生态学"（deep ecology）时所指出的，非人类生态环境具有自身的内在价值，该价值独立于人类的利益之外，与内在价值相对应的工具性价值是指取决于满足人类期望的生态环境有用性[①]。例如，森林作为一种生态财富不仅能够直接给人类提供生产和生活所需的木材，还能提供更多的生态服务，如吸收二氧化碳、防风固沙、稳定气候等等。生态财富的使用价值不仅体现在对生态系统完整性和稳定性的维护上，对人类也是极其有利的。使用价值反映了人类通过劳动对生态财富的直接使用，例如，从海洋中捕鱼、从森林中采伐木材、从溪流中汲取用于灌溉的水等等，然而当大气污染使得人类更容易受到疾病侵害、石油泄漏给渔业带来不利影响的时候，污染就会引起使用价值的损失。

生态财富为人类的生存和发展提供必要的物质、能量基础以及精神满足，它向人类提供了空气、海洋、土地、淡水、矿产、生物等自然资源，这是生态财富在物质性方面的体现。一方面，人类生产与生活的一切物质资料归根到底都来自于生态系统；另一方面，生态财富给人类提供了景观、空间及容量，这些要素虽不直接进入生产过程，却是能够满足人类精神需求以及延长生产过程的资源。生态财富不仅可以满足人类生理方面的需要，其在满足人类心理需求方面的价值同样不可忽视，在后面探讨生态财富的审美价值时会做具体分析。更进一步地，我们可以将生态财富的使用价值大致分为以物质形式满足人类需求和以意识形式满足人类需求两大类。例如，生态系统提供的动植物为人类提供生存所需，

---

① ［美］汤姆·蒂坦伯格、［美］琳恩·刘易斯：《环境与自然资源经济学》（第八版），王晓霞等译，中国人民大学出版社 2011 年版，第 17 页。

这是以实实在在的物质形式满足人类的需求；而良好的生态居住环境给人类带来更高的生活质量，这就是在意识方面带给人类心灵美的享受。总之，生态作为一种财富首先体现在它对人类的有用性上，即对于人类来说，生态财富的使用价值是其最基本的效用。

在判断生态财富的效用大小时，我们也许可以通过其与人口数量的关系来分析，换句话说，生态财富使用价值的大小从某种程度上与人口指标相对应。简单来说，生态财富的使用价值越大，其养活的人口数就越多；反之，生态财富的使用价值越小，其养活的人口数就越少。需要说明的是，生态财富的使用价值大小不仅与生态财富数量的多少有关，也与人类利用生态财富的能力（生产力水平）有关，即在不考虑其他因素的影响下（如污染导致的使用价值的损失），生态财富的数量越多、人类利用生态财富的能力越高，生态财富体现出的使用价值就越大。

下面两张图分别是人口数量与环境容量的关系图、世界人口增长与土地资源供求的关系图。从图 3.1 我们可以分析得知，人口数量总是低于生态系统容量，即使暂时高于生态系统容量，最终还是要降下来。由此可知，生态系统对人口的承载力是一定的。换句话说，生态财富的数量从一定程度上决定了人口的数量，因此人类的活动要以生态系统的稳定为基础。从图 3.2 我们可以看到，世界人口增长与土地资源的供求息息相关，土地是人类生存与发展过程中极其重要的一种生态财富，当人类通过劳动开发利用土地来养活自己时，只能在已有耕地面积（即生态财富数量）的基础上，通过科技创新等手段合理开发利用土地资源以养活日益增长的人口数量。然而，无论生产水平如何进步，人口数量还是会受到耕地面积的限制，即人类的生产力水平在一定程度上可以影响生态财富的效用大小，但最终还是要受到生态财富数量的影响。

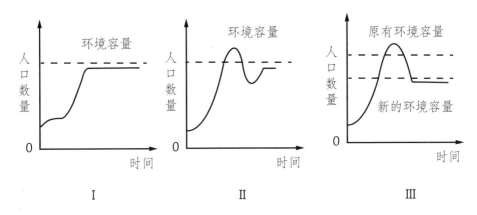

图 3.1　人口数量与环境容量的三种模式

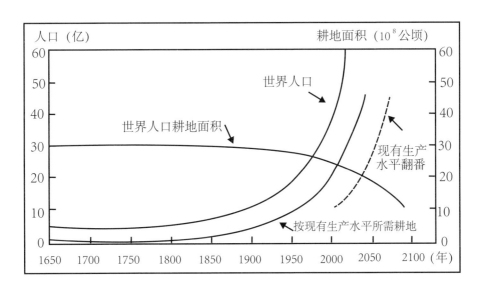

图 3.2　世界人口增长与土地资源的供求

资料来源：土地资源网。

上面的例子只是列举了众多生态财富中土地资源这一类，我们知道生态系统是极其复杂的，想要追踪构成所有生态财富要素间的能量流动是不可能的。因此，我们只需要搞清楚人类为了生存，从什么样的生态财富中获得了能量，又怎样利用这些能量。人类利用的能量不仅仅是食物能，还应该包括畜力能（用于农耕、运输）、燃料能（用于做饭、暖气和各种内燃机）、水能和风能（用于水车、风车、电力发电等）。除此之外，当把人口现象与生态财富相联系时，我们还可以采用人口密度来加以分析。人口密度是表示单位面积的人口数的单纯指标，该指标强烈地反映了在不同的环境条件下，不同群体利用他们可以使用的技术顺应生态环境至今的过程。进一步解释的话，人口指标就是在各种不同的生态环境下单位面积内生存的人口，即被称之为人口支持力（环境容纳力）的生态学关键词，该词也与人口密度有本质的联系[1]。除了人口密度以外，社会福利水平也是衡量生态财富为人类发展和进步所做贡献的重要标志。人类经济发展和社会进步的最终目标就是总福利的增加，传统的福利只考虑追求经济目标，但随着社会的发展和进步，人类的福利不仅仅只有经济目标，还有其他非经济目标，而良好的生态环境就是其中之一。因此，我们不能盲目地追求经济增长和物质财富增多来提高社会福利，而是要追求可持续的、绿色的发展。

二、生态红线是维持生态财富的最低保障

党的十九大明确提出要"完成生态保护红线、永久基本农田、城镇开发边界三条控制线划定工作"。目前，我国基本建立生态保护红线制度，其划定正按照党中央部署稳步推进。"红线"一般是指不可逾越的底线或禁止进入的范围，随着其意义的不断延伸，红线还具有空间和数量的约束性含义，如今红线的概念已经被广泛用于生态环境领域，如耕地红线、污染总量控制红线等。由此，我们可以进一步理解生态红线的概念，即指对维护国家和区域生态安全及经济社会可持续发展，在提升生态功能、保障生态产品与服务持续供给必须严格保护的最小空间范围[2]。因

---

[1] ［日］秋道智弥、［日］市川光雄、［日］大冢柳太郎编著：《生态人类学》，范广融、尹绍亭译，云南大学出版社2006年版，第161页。

[2] 郑华、欧阳志云：《生态红线的实践与思考》，《中国科学院院刊》2014年第4期。

此我们可以认为，生态红线是维持生态财富的最低保障，一旦逾越了生态红线，生态财富将陷入再生陷阱，从而无法提供足够的效用以应对人类所需，其使用价值的损失会大大影响人类的生存和发展。

生态系统提供的生态财富效用与其承载的人口数量正好相平衡时的状态即为生态红线的临界点，也就是说，一旦发生某个区域的生态财富不足以养活当地人口时，即超越了生态红线的范围。所以，划定生态红线，就是为了明确维持生态财富的最低保障线，人类想要世世代代在地球上生存，就必须严格遵守生态红线。生态财富为当下的人们提供了生存的条件，人们享用着生态财富的使用价值，然而生态财富的使用价值不仅仅是为了当代人而存在，还应该被未来人所使用。也就是说，生态财富的使用价值需要被维持和延续，而不能因为某一代人的透支和破坏而造成损失。如今自然生态环境状况恶化，人类未来的生态条件趋于没有保障，而划定生态红线则是挽救这一危机的有效途径。只有合理利用和保护好生态财富，其对人类的效用才能得以维持，人类未来就会享受更多的生态财富，否则就只有很少甚至是没有生态财富供人类永续发展。

在划定生态红线时，要遵循三个原则，即客观性、尺度性、强制性。首先，生态红线的划定是由生态系统的客观特征决定的，只有在遵循生态系统的结构、功能等客观规律的基础上才能科学划定其界限，所以生态红线本身具有客观存在的自然属性。其次，由于生态红线是一个最低阈限，因此其划定是有尺度性的，这个尺度可以从国家和地方两个层面来理解：在国家层面，生态红线主要注重宏观的生态安全，更加关注整个经济社会生态财富开发和生态环境保护的大格局，如生物多样性保护、碳循环等；在地方层面，生态红线就更加关注区域生态问题，如水土流失、水资源保护等。最后，生态红线具有国家强制性，生态红线一旦划定，就要严格遵循其界限要求，禁止在红线范围内做任何有悖于保护生态环境的行为。

维持生态红线有非常重大的意义，它是保障生态财富的重要屏障。

第一，生态红线有利于生态环境保护。在生态环境遭到严重破坏的今天，我们必须重视具有重要使用价值的生态资源和生态系统服务功能，尤其是对于那些生态敏感性极高、极其脆弱的区域。通过划定生态红线，我们要严格遵守红线的底线约束，不允许大规模、高强度的工业化开发超越生态红线的范围，要确保红线保护的区域能够维持生态平衡，成为重要的生态安全屏障。

第二，生态红线是优化国家生态安全格局的基本前提。众所周知，一个国家的生态安全是保障其经济社会可持续发展的前提，是实现经济效益和生态效益双赢的保障。由于我国生态保护区域类型多、面积大、覆盖广，若想要建立高效稳定的国家生态安全格局就需要划定生态红线，这是最直接、最有效的途径。生态保护红线对于维护国家或区域生态安全具有关键作用，其战略地位十分重要，必须实行严格保护。

第三，为了真正有效而且科学地让生态红线起到重要作用，我们必须严格控制红线区域内的各种人类活动，禁止破坏原有生态系统的主要结构、功能和生态服务。为了使红线区域内的居民自觉参与到保护行动中，我们必须积极创新各种生态补偿机制，通过财政转移支付、直接补偿、技术转让、直接投资等手段调节好各方的利益。若想要保证生态财富可持续性，必须要有良好的生态环境和生态产品的供给，而这一切的根基就在于维持好生态保护红线。若是连最低的红线阈值都被人类活动侵犯和破坏，生态系统早晚会崩溃，生态系统的功能和服务价值也将不复存在，又何谈通过生态财富发展经济、造福人民？因此，我们必须牢牢树立一个观念，即生态红线是维持生态财富的最低保障。

第二节 生态财富的经济价值和审美价值是绿色发展的源泉

一、生态财富的经济价值

按照马克思对商品的定义，有无商品价值取决于两个条件：一是有无交换过程；二是是否是劳动产品。马克思说："价格可以完全不是价值的表现。有些东西本身并不是商品，例如良心、荣誉等等，但是也可以被它们的占有者出卖以换取金钱，并通过它们的价格，取得商品形式。

因此，没有价值的东西在形式上可以具有价格。"①马克思还在《资本论》中写道："一个物可以是使用价值而不是价值。在这个物不是以劳动为中介而对人有用的情况下就是这样。例如，空气、处女地、天然草地、野生林等等。一个物可以有用，而且是人类劳动产品，但不是商品。……要生产商品，他不仅要生产使用价值，而且要为别人生产使用价值，即生产社会的使用价值。（……要成为商品，产品必须通过交换，转到把它当作使用价值使用的人的手里。）最后，没有一个物可以是价值而不是使用物品。如果物没有用，那么其中包含的劳动也就没有用，不能算作劳动，因此不形成价值。"②马克思的劳动价值论认为，凝结了人类劳动的生态资源才具有价值，但生态资源本身可以有价格表现。由此，学者胡安水如此解释生态财富的经济价值："生态财富的经济价值是物化在生态经济系统某种自然物质和经济物质中的社会必要劳动的表现，是商品价值和生态价值的辩证统一体，生态财富的经济价值量则是投入补偿、保护和建设具有一定使用价值的生态环境全部劳动所形成的价值量。"③生态财富的经济价值和任何其他财富一样，都是由人类劳动创造的，我们虽然不能明确承认自然创造价值，但也不能忽视自然界长期创造的巨大效用。一方面，与人类的劳动价值相比，生态财富的经济价值量是巨大的，并且由于某些资源是不可再生的，随着这些资源量的减少，其市场价格会在更大的程度上超过人类的劳动价值；另一方面，生态财富经济价值的实现需要人类的劳动，没有人类劳动，生态财富经济价值的实现是不可能大规模进行的，人类的劳动在其中起着非常重要的作用。为了更真实地认识生态财富的经济价值，我们必须充分认识到人类劳动的作用，或者说将生态财富的经济价值与人类的劳动价值结合起来理解。

由于生态财富的分布具有地域性特征，其分布不均衡，不同国家、地区和种族的人们所享受的地球资源和环境条件差异很大。而且生态财

---

① ［德］马克思：《资本论》第一卷，人民出版社 2004 年版，第 123 页。
② ［德］马克思：《资本论》第一卷，人民出版社 2004 年版，第 54 页。
③ 胡安水：《生态价值概论》，人民出版社 2013 年版，第 150 页。

富的内在质量参差不齐，因此不同生态条件下的生态财富对于所在地区
居民的经济价值相差悬殊。极地地区、沙漠地区几乎没有人居住，这些
地区的生态财富就目前人类的认知能力和行为能力来说，只有非常有限
的经济价值；寒带和热带地区的资源和环境条件稍好，经济条件虽然受
到很多限制，但是由于人类的主观能动性在此可以稍有发挥，因此生态
财富的经济价值还是很明显的；生态条件和经济条件更好的是温带，因
为自然提供的生态资源和环境条件非常优越，再加上人类的实践能力的
作用，此时生态财富的经济价值就特别突出。从某种程度上来说，生态
财富的经济价值来源于不同国家和地区的人们利用生态财富创造的价
值，所以从不同地区和国家来看，其占有生态财富的经济价值不尽相同。

　　生态财富的经济价值首先建立在其为人类的经济活动提供了前提条
件的基础上，即大量的基础原材料、少量的半成品和极少的成品，但直
接来源于生态系统的财富成品在经济总量上占的比例非常小，或多或少
都需要人类劳动的加入。不同地区由于地理位置和自然资源不同，以及
劳动投入量和劳动效率不同，就会影响该地区所能创造的生态财富的效
率和数量。例如，耕地和粮食生产是维持人类生存的必要生态财富，但
由于我国不同地区的气候、环境、人口数量以及劳动生产水平等因素的
差异，就会导致利用耕地生产粮食效率的差异。

　　对生态财富经济价值的思考还可以结合稀缺性来理解。在经济学
创立和发展的早期，量化生态财富的经济价值确实具有很大的难度，
同时由于生态资源没有出现匮乏，其获取相对容易，生态财富几乎没
有在市场交易中体现自己的价值，所以也没有必要赋予其经济价值。
从人类社会发展的角度来说，随着经济活动的发展和科学技术的进步，
原来对经济活动几乎没有特殊意义的生态资源现在却成为经济活动稀
缺的资源，于是人们提出用稀缺性来解释生态财富的经济价值。由于
优良生态的稀缺，生态财富的价值会随着生态资源的匮乏和生态环境
的恶化而大大增加。我们知道，价格会围绕价值上下波动，这是由商
品的供求关系引起的，而制约生态财富供求关系的有时候是人类劳动，
有时候是生态资源的缺乏和生态环境的恶化，因此稀缺的优良生态财

富具有的经济价值是不言而喻的。

除此之外，生态学界也有解释生态财富经济价值的角度。在生态学界，人们普遍采用能值来衡量和比较不同类别、不同等级能量的真实价值。所谓能值，是指流动或贮存的能量中所包含的一种类别能量的数值，任何流动的或贮存状态的能量所包含的太阳能的量，即为该能量的太阳能值，太阳能值经常被用来衡量某一生态资源的能值大小。生态资源的能值是生态财富价值的一种反映[①]，一般来说，一个国家出口自然资源原料，是损失生态财富价值的行为。因为，这些原料都是自然系统长期形成的产物，含有高能值，出卖时仅能收回一些低劳务的货币，所得货币能换得的能值，其经济价值量远低于原料产品所含的能量值。因此，一个国家经济要发展，首先就要发展科技，充分利用生态财富的能值，而不轻易出卖资源和原材料[②]。

通过以上对生态财富经济价值的分析，也使我们更聚焦于对生态财富及提供生态财富的整个生态系统保护的重视，保护它们所带来的收益也是经济活动的中心和重要的驱动力，与生产制造、财物金融、服务业等具有同等的重要性。生态财富所蕴含的巨大经济价值对人类社会的发展和进步有着极大的推动作用，无论是政府、企业还是个人都应该重视对生态财富的保护与开发，尤其是具有庞大资本运作能力的银行等金融机构，应当在创造生态财富的价值上发挥自身优势，通过各种手段和方式开发生态财富的经济价值，为社会的绿色可持续发展注入源源不断的动力。

二、生态财富的审美价值

审美价值是从价值论的角度来理解审美现象。审美价值这一概念的基本含义有二：一是审美对象对审美主体的形式感、目的性的满足，也就是客体对主体在审美方面的意义，简而言之即美；二是审美体验中体

---

① 胡安水：《生态价值概论》，人民出版社 2013 年版，第 33 页。
② 蔡晓明编著：《生态系统生态学》，科学出版社 2002 年版，第 198 页。

现出来的价值属性[①]。生态财富除了能够以物质的形式满足人类的需求，如生态系统提供的水、食物等，它还能够以意识的形式来满足人类的精神需求，也就是我们所说的审美价值，如美丽的风景等。谈到生态财富的审美价值，就是生态财富作为审美对象对于人类的审美意义。从审美角度来看生态财富，充分地尊重了主客体双方之间的相互作用，既体现了对生态财富的重视，又以满足人的审美需求为目的，充分体现了美的本质。从主观上讲，生态财富的审美是人类对自己生存的环境提出的审美要求，体现了人类对美的追求和对生态保护的双重要求。

审美作为一种文化现象，人的主观作用在其中发挥着重要的作用。德国哲学家海尔特曼认为："审美价值可能为存在着的一切东西所固有，而伦理价值只为人所有。难道我们应该透过潜藏人性的棱镜来查看美的橡树、老鹿、林中溪流的对岸以及星空的图景，才能看到所有这些自然现象的美吗？"[②]空气、水、植物等生态财富在生命维持的循环中相互协同，这本身就是美的，并创造着美。在生态学和生态哲学的背景下，我们认为自然界的所有事物都是美的，因为它们没有被污染和破坏，它们是纯净的、绿色的、完好的，所以自然界本身就是美的。但是将美仅仅归结为自然界的独立创造是不合适的，就如列·斯托洛维奇在《审美价值的本质》中所指出的："对象的什么价值既取决于'它本身的样子'，又取决于它'使人想起的那种东西'。"[③]因此，生态财富的审美存在于人与自然生态系统的价值关系之中，它要求审美对象处于良好的生态环境状态，意味着人与生态之间美的、和谐的关系。

生态财富的审美价值还与其经济价值息息相关，人们认为美的生态财富是建立在生态环境没有被污染和破坏的基础上的，对于改善我们的生活环境、提升人类的生存质量有着不可估量的经济价值。例如，对某

---

① 胡安水：《生态价值概论》，人民出版社 2013 年版，第 119 页。

② ［苏］列·斯托洛维奇：《审美价值的本质》，凌继尧译，中国社会科学出版社 1984 年版，第 18 页。

③ ［苏］列·斯托洛维奇：《审美价值的本质》，凌继尧译，中国社会科学出版社 1984 年版，第 20 页。

些地产项目来说，自然景观所提供的美感功能非常重要，尤其在高收入国家，那里的人们愿意出高价购买湖畔和海滨住宅。如果把这些生态美景的经济价值包括在生态财富账目中，那就很可能提高生态财富在总财富中所占的比例。随着收入的增加，人们对闲暇活动的需求随之增加，如划独木舟、徒步旅行等活动都需要在优美的生态环境区域中进行。然而随着这些区域被转作他用，这样的地方逐渐减少，保留下来的地区的土地价格就会一直上涨。不可否认，生态财富确实是一种非常特殊的财富，它为我们提供了维持生存的生命保障系统，但它仍然同其他财富一样，我们希望生态财富增值或者至少避免不当的贬值，使其可以持续地为我们提供美学上的愉悦和维持生命的服务。

第三节　生态财富的定价机制

一、对生态财富定价的意义

人类与生态财富同属一个自然，是不可分离的有机整体，若要求人类在经济生产中兼顾到资源环境的平衡，就不能只从 GDP 上来衡量经济发展的成效，否则经济活动就会只注重经济效益而忽视生态效益，从而低估了生态财富的价值。生态财富是国民财富的一个重要组成部分，而且是许多发展中国家的主要收入来源。生态财富理应在所有国家财富管理中得到特殊关注，即便对于那些生态财富在国民财富中所占比例不高的国家也是如此。因此，我们需要在国民经济核算体系中体现出生态财富的价值，将生态财富的价值纳入到经济运行体系中来。

生态财富的某些组成部分，如生态系统调节功能等，往往没有明确出现在财富账目中，它们被隐含了，不直接支持我们所评估的东西，因此它们的经济价值是隐形的。生态财富是许多生态系统服务功能的源泉，其提供的许多本地和全球生态系统功能大部分是难以衡量的非市场功能，所以在财富账目中没有得到良好的体现。因此，这些服务功能往往被低估并容易受到威胁，生态财富的损失和由此造成的生态系统服务功能的退化和生物多样性方面的改变有时是不可逆的，意识到生态财富是有价的并设计出保护生态财富的激励机制是非常重要的，这并不是说所有情况下只有标出价格才足以显示生态财富的价值，不过在有些情况下，定价确实很重要。

如果我们不能成功评估生态财富的价值，在制定政策的过程中，生态财富的价值可能被认定为缺省价值，即价值为零。生态财富零价值有助于为大量的生态环境退化提供合理的解释，然而如果对生态财富进行恰当的经济估值，生态破坏是不能被认可的。许多环境专业人士都支持将经济价值评估作为一种方法，用以表明生态财富对现代社会的巨大价值。正如美国学者 Bryan G.Norton 在《生态经济学》杂志撰文写道：在追求利益最大化的经济决策中应该将整体环境因素加入其中，生态经济学家们使用不同的方法在经济政策应用领域进行成本效益分析，其中一项重要的成果是，他们运用经济工具以美元为计量单位测算出全球生态系统的虚拟价格为 33 万亿 (兆) 美元，相当于当时全球生产总值的两倍[①]。

虽然为生态财富定价可以为生态环境保护提供新的非常重要的合理解释，然而给生态财富定价是一项棘手甚至充满争议的工作，即使现在已经开发了一系列特定的方法来计算生态改善带来的效益，或者反过来计算生态破坏造成的损失（例如，成本效益分析要求对拟议中的政策或项目的所有相关效益和成本进行货币计算），然而，难点是货币化那些不能在任何市场上进行交易的生态财富及其提供的服务，且货币化生态财富隐含的非市场化效益则更为困难。而且，很多生态财富的经济价值不是显而易见的，而且在现实生活中，生态财富的经济价值是具体的，分别属于不同的国家和地区，因此测算一个国家和地区的生态财富经济价值必须与该国和地区所处的生态系统状况紧密结合起来，充分考虑该生态环境下各种生态财富的存在状况以及这些财富的经济使用效率和质量。只有这样，对生态财富经济价值的研究和考察才更具有现实意义。

---

① Norton B G, Noonan D, "Ecology and Valuation: Big Changes Needed", *Ecological Economics*, 2007(04) : 667.

无论如何，即使为生态财富定价很困难，我们也不要求现在就达到对所有生态财富的精准计量，但起码我们要不断地尝试，更要承认它们拥有巨大的经济价值。

二、生态财富的定价理论

当我们要评估生态财富的经济价值时，有一些需要遵循的基本原理和方法，生态经济学在这方面作了不少贡献。生态经济学是新古典经济学的一门分支学科，它认为福利在很大程度上取决于生态系统服务，并受到污染的影响。由于在生态系统服务和污染方面的市场极为罕见，所以生态经济学家采用了大量的方法为生态财富赋予市场价值，使其可以融入市场模型。生态经济学有助于人们理解生态财富所提供的产品和服务对于人类的价值，这些价值也许是生态财富所作贡献中最被人们广为了解的部分。经济学家们在衡量价值时通常用货币的形式来表示，即人们对某物的意愿支付价。但是这一简单的规定是有局限性的，因为它并不能表达生态财富与生俱来的使用价值或其对其他物种的价值。不过即便如此，通过货币形式计算生态财富的价值有助于人类在权衡利弊后作出抉择，当需要在生态产品和非生态产品之间作抉择时，这种优势就更为明显。

根据生态财富的性质，在估价时我们要遵循全面性与整体性原则、因地制宜原则和动静评价相结合的原则[1]。具体说来，首先，生态经济系统是一个复合的综合系统，在其运行和循环的过程中，各个组成部分会综合发挥自身功能以达到某种目的。因此，当我们在评估生态财富的价值时，一定要充分考虑其整体性和全面性。其次，生态财富有着地域性特征，不同地区和国家所拥有的生态财富类型和质量都不尽相同，因此在估价时，应当结合当地的自然生态和社会条件，因地制宜、有重点地进行评估。最后，生态财富有着客观存在的自然属性，其功能和效益水平一方面跟随其自身循环过程不断演替，另一方面它也具有相当的稳

---

① 傅国华、许能锐主编:《生态经济学》(第二版)，经济科学出版社2014年版，第107页。

定性和缓冲能力，所以在对其进行计量时，要根据其运行规律，采用动静结合的方式全面地反映其状况。

生态财富所产生的产品和服务通常不能直接在市场上进行买卖，我们不能像观察西红柿或者机动车的价格那样来观察生态财富的价格。因此，需要估算人们对于生态财富所提供的产品和服务的支付意愿或者直接询问来获得。目前，理论上为生态财富设定经济价值的方法有好几种，许多方法只适合于计算很小一部分生态财富的价值。大多数生态经济学方面的教科书中都对这些理论做了充分的介绍，表3.1就列出了几种常用的估算理论：

表 3.1　几种常用的生态财富价值估算理论 ①

理论	内容
市场价格法	估计商业市场上买卖的生态系统产品或服务的经济价值
生产率法	估计促进商业性市场商品生产的生产系统产品或服务的经济价值
享乐定价法	估计直接影响某种其他商品的市场价格的生态系统服务或环境服务的经济价值
旅游成本法	估计与生态系统或休闲场所有关的经济价值，假设一个景点的价值可以体现在人们为旅行去参观该景点的支付意愿中
避免伤害成本、重置成本和替代成本法	以避免因失去生态系统服务而引起的损害成本，置换生态系统服务的成本，或是以提供替代服务的成本为基础，估计其经济价值的方法
条件价值评估法	估计几乎任何生态系统和环境服务的经济价值，这是使用最广泛的，基于一种假设的情景，要求人们直接陈述他们对某些具体的环境服务的支付意愿

---

① ［美］赫尔曼·E.戴利、［美］乔舒亚·法利：《生态经济学：原理和应用》（第二版），金志农等译，中国人民大学出版社2014年版，第424页。

续表

理论	内容
权变选择法	估计几乎任何生态系统和环境服务的经济价值，要求人们对生态系统或者环境服务（或特征）进行权衡，以此为基础进行价值评估。不直接询问支付意愿，以成本作为权衡的一个属性，依据权衡的结果推导出经济价值
效益转移法	通过将已经完成的对其他地方或其他问题的研究所得到的效益估计值进行转换，据此对经济价值作出估算

下面我们具体介绍几种生态经济学上核算生态财富价值的理论。

理论一：成本有效性分析。所谓成本有效性分析是指在给定目标的情况下，计算实现这一目标的各种方法的成本[1]。例如在核算污染治理目标上，人们可能并不能确切地知道他们对给定目标赋予的价值。但在成本有效性分析之后，人们至少能够确定哪些目标是比较理想的。可能我们无法知晓某一目标的具体货币收益，但经过比较，若是该目标的收益高于其他已经计算出成本的目标，那么该目标就会成为我们最终的选择。例如，下面的公式就通过生态成本价值链来展示了成本有效性分析过程中估算生态成本的方法：

增值$_1$ ＋ 增值$_2$ ＋ 增值$_3$ ＋ 增值$_4$ ＋ 增值$_5$ ＋…… ＋ 增值$_n$ ＝ 总价

原材料 ＞ 半成品 ＞ 产成品 ＞ 分销 ＞ 使用 ＞ …… 后处理 ＞

生态成本 1＋ 生态成本 2＋ 生态成本 3＋ 生态成本 4＋ 生态成本 5＋……＋生态成本 n＝ 总生态成本[2]

在成本效益估价方法中，我们不得不考虑初始效应和次生效应问题。

---

[1]　［美］巴利·C.菲尔德、［美］玛莎·K.菲尔德：《环境经济学》（第5版），原毅军、陈艳莹译，东北财经大学出版社2010年版，第99页。

[2]　吴华清、张本照：《生态效率：一种资源定价的新视角》，《价格理论与实践》2008年第9期。

例如，治理某湖泊的初始效应是增加了湖泊的休闲娱乐用途。初始效应将会进一步引发的连锁效应，影响到提供给更多湖泊利用者的服务，因此这时我们需要考虑次生的就业效益。在该项目启动时，存在项目需要的某些特定技能人员，这时就会增加对劳动力的需求，那么此时效益中就应该计入增加就业的附加价值。当然，如果项目只是引起生产性的已使用资源的重新配置时，就不必计算次生效益了。

理论二：我们还可以通过工资差异来评估某些特定生态财富的价值。假设有两座城市，它们在各个方面都很相似，但其中一个城市的空气质量要糟糕一些，且两个城市的初始工资是相同的。显然，人们更愿意到污染程度低一些的城市工作，因为同样的工资水平却有更低的空气污染。因此，工人们会向空气更为清新的城市流动。为了使污染情况相对严重的城市保持充足的劳动力供给，决策者们面临着提升空气质量或者支付更高工资的选择，只有这样才能弥补生活在空气污染较为严重的城市的人们的损失。所以，在假定其他变量一样的前提下，我们可以通过研究不同城市的工资差异，来评估人们对空气质量的支付意愿。

理论三：用旅行费用替代价格，这是生态经济学家最早用来估计人们对于宜人环境的需求的方法之一。尽管我们无法直接观察到人们购买环境质量，但是我们能够看到人们通过旅行获得身心的愉悦，例如，在公园中游玩，在湖泊里钓鱼和游泳，等等。旅行是有成本的，除了货币支出，旅行还需要投入时间。我们可以把旅行费用看作价格，即人们对于欣赏美好风景所愿意支付的价格，如此我们就能计算出人们对于优质生态环境的需求情况。

还有一种相似的估算理论是旅行成本法。旅行成本法可以通过游客到达该处场所的支付信息，建立游客娱乐期间的支付意愿的需求曲线，从而推断出娱乐休闲资源的价值[1]。生态经济学家弗里曼识别了该方法的两种不同类型。在第一种类型中研究者分析的是一个景点的游客数量，

---

[1] ［美］汤姆·蒂坦伯格、［美］琳恩·刘易斯：《环境与自然资源经济学》（第八版），王晓霞等译，中国人民大学出版社 2011 年版，第 41 页。

在第二种类型中研究者分析人们是否决定去参观一个景点，如果要去，去哪一个景点。第一种类型允许构造一个旅行成本需求函数，该景点的服务流的价值就是从原点到参观景点的游客总数构成的需求曲线下方区域的面积。第二种类型是我们能够分析具体的景点特征如何影响游客的选择，进而间接地得到这些特征的价值。知道了每个景点的价值随其特征的变化而变化，研究者就可以针对这些特征的退化（例如来自污染的影响）将会如何降低景点的价值而进行价值评估。

理论四：条件价值评估法是人们熟知的一种陈述偏好法，之所以称为"条件"评估，是因为该方法让置身于某种条件下的人们对生态环境表达出他们的支付意愿[①]。如果想研究人们对马铃薯的支付意愿，我们可以到商店里观察人们的实际购买情况。但是，当现实中不存在针对某种物品的市场时，例如某种环境特征，我们只能通过询问的方式，让人们描述如果其置身于这些特征的交易市场时，他们会如何进行选择。条件价值评估法已经在两种不同类型的情况中得到应用：第一，估计具体生态环境特征的价值，如旅游景点的休闲价值、用以休闲娱乐的海滩的价值、原始河流的保护价值等；第二，估计人们为各种生态环境质量影响赋予的价值，该方法的目的在于揭示人们对其的最大支付意愿。

理论五：根据揭示偏好法可以通过实际可观察到的选择，直接从这一选择中推断具体生态财富的价值。例如，在计算石油泄漏给当地渔民造成的损失时，揭示偏好法可能会计算捕获量下降的数量和最终的鱼类价值，这时价格是直接观察到的，可以直接用于计算价值损失。当价值不能直接观察到时，例如我们无法直接观察到某一种野生动物的价值，但可以通过调查得到受访者对保护这一物种的支付意愿（即他们的偏好）来尝试得到这一物种的价值。这种方法提供了一种手段，帮助我们获取依靠传统方法不能评估的价值。该方法最简单的形式是

---

① ［美］巴利·C.菲尔德、［美］玛莎·K.菲尔德：《环境经济学》（第5版），原毅军、陈艳莹译，东北财经大学出版社2010年版，第131页。

仅需要询问受访者对于一种生态财富变化（例如湿地的丧失或污染物暴露的增加）或保护生态财富使其保持当前状况意愿赋予的价值数量。更为复杂的形式会询问受访者，是否愿意支付××货币去阻止这一变化或者保护物种，受访者的回答就会要么展现出一个上限值，要么展现出一个下限值。

当然，通过偏好法是存在一定偏差的。例如，受访者为了影响受访结果而提供了存在偏差的回答，如果为了钓鱼要保护一条河流的决定取决于调查中发现的人们赋予钓鱼的价值，由此一来，那些喜欢钓鱼的受访者给出的价值答案可能很高，而不是一个较低的反映河流真实价值的答案。无论何时，只要受访者是被迫对某种生态财富很少了解或根本不了解的情况进行价值评估，都可能产生信息偏差。例如，要求休闲者评估一片水域水质降低带来的价值损失，可能要建立在受访者在其他水体中有可比的水质更好的情况下进行休闲娱乐的体验。如果受访者没有这种体验，那么其价值评估就只能是建立在完全的想象中。

理论六：还有一种间接观察法被称作特征资产价值法，这种方法要运用多元回归分析的统计学方法在关联市场中找出生态财富成分的价值[①]。例如，在所有其他要素都一样的情况下，污染地区的房地产价格低于非污染地区，此时，我们就可能发现生态财富的价值（污染地区房地产价格下降是因为这些地方不太适宜人们生活）。特征资产价值模型利用市场数据（房屋价格）将房屋销售价格按照不同的特征进行分组，包括房屋的特征（如院子的面积等），周边地区的特征（如犯罪率、学校质量等），周边的生态环境特征（如空气质量、绿化率等），通过特征模型可以衡量其边际支付意愿。更进一步，我们可以要求受访者对这些不同特征进行排序比较，发现增加的生态环境舒适性与减少的其他特征之间隐含的替代关系。当这些特征中的一个或多个特征

---

① ［美］汤姆·蒂坦伯格、［美］琳恩·刘易斯：《环境与自然资源经济学》（第八版），王晓霞等译，中国人民大学出版社2011年版，第42页。

能够用货币价值表示的时候，就可以利用这些信息和排序去估算生态财富的价值。

在分析完以上六种为生态财富定价的理论后，我们需要知道的是，无论是需要计算生态财富的总经济价值，还是仅需单独评估某一类生态财富的价值，不同理论都有其优缺点，也没有任何一种理论能够完全准确地衡量生态财富的价值。因此，在具体的测算过程中，我们往往需要综合不同的定价理论来评估生态财富的价值，力求做到更准确、更科学。

三、我国生态财富的价值核算方法

虽然目前很多学者已经提供了许多从理论上计算生态财富价值的方法，但是在实际操作过程中有着许多困难。就我国的具体情况而言，一是生态财富的类型和数量极其庞大，而且分布零散，因此无法全面准确地搜集到相关数据进行测算；二是想要核算出经济发展过程中造成的环境损失价值、资源损失价值等存在很大难度。虽然核算难度很大，但是本书还是根据之前提出的各种估算方法，综合运用后，大致估算出我国目前生态财富所提供的总经济价值。由于测算方法还有待完善、各项数据的搜集也无法做到全面，所以核算结果不一定能够全面、准确地反映出我国目前的生态财富价值，但是作为一种尝试，希望能对今后我国的生态财富价值核算起到抛砖引玉的作用。

具体说来，对于我国生态财富的价值核算思路如下：

首先，本书将生态财富作为一种特殊的资产，从而根据特征资产价值法来对其进行测算。之所以选择特征资产价值法来作为计算生态财富的理论指导，是因为要想直接计算某一类生态财富的价值可操作性不强。因此，本书选取一种最初由康斯坦扎（Costanza）提出的间接估算方法来估算生态财富的经济价值，即通过测算某一类生态财富在吸收二氧化碳、防止水土流失、减少噪音等方面所能产生的生态效益，来估算其提供生态系统服务的单位价值。

其次，对生态财富单位价值进行间接核算的基本原理是：先计算某

生态财富与绿色发展方式研究

一类生态财富与生态系统中的其他要素相互作用所产生的生态效益，再将其换算成相应的经济价值。目前在生态经济学界，运用特征资产法对生态财富单位价值核算的鼻祖是康斯坦扎，他在《自然》杂志上提出了计算生态系统及其服务价值的分类和指标。现在，我们就通过举例来说明康斯坦扎是如何通过间接核算的方法来计算生态财富的单位价值的。例如，在草地这一生态财富的单位价值核算中，选定的核算方法和估计参数如下：草地在对吸收或释放 CO_2、N_2O、CH_4 等气体上有着重要作用，并可以通过与这些气体的循环对大气环境起到调节作用。因此，通过测算草地在调节以上三种气体方面所产生的生态效益，就可以间接估算出它所具备的生态系统服务单位价值。具体核算过程分为四个步骤：第一步，核算草地对 CO_2 吸纳作用的单位价值。若是对草地进行开发利用会损失约 $1kg/m^2$ 的 C，且 CO_2 的释放价值为 0.02 美元，将两者相乘就可以得出 CO_2 的释放总价值为 200USD/hm^2。假定二氧化碳的释放周期为 50a，每年以 5% 的速度递减，那么草地对吸收 CO_2 的单位价值就为 5.93USD/(hm^2·a)。第二步，核算草地调节 N_2O 的单位价值。N_2O 单位 N 的释放值为 2.94USD/kg，而草地与邻近麦田释放 N_2O 的差值为 0.191kg/(hm^2·a)，两者相乘则可得出草地对调节 N_2O 的单位价值为 0.56USD/(hm^2·a)。第三步，采用与计算 N_2O 相同的办法来估计草地对调节 CH_4 气体的单位价值，即麦田与草地吸纳 CH_4 的差值 0.474kg/(hm^2·a) 乘以单位 CH_4 的吸收值 0.11USD/kg 得出草地该项单位价值为 0.05USD/(hm^2·a)。第四步，将以上三项的单位价值相加，即可大约得出草地这一生态财富的单位价值为 7USD/(hm^2·a)[1]。

最后，需要说明的是，每一种生态财富所能发挥的生态系统服务功能是不尽相同的，因此要计算不同生态财富的单位价值必须要根据其各自的特征来评估。对于不同类型的生态财富的单位价值核算方法在《自然》杂志的官网上有具体的阐述，这里就不再一一赘述。

综上所述，通过对生态财富的价值核算，我们可以更直观地感受

---

[1] 陈仲新、张新时：《中国生态系统效益的价值》，《科学通报》2000 年第 1 期。

到生态财富对于经济社会可持续发展的重要意义。我国生态财富的总价值是巨大的，这足以引起我们重视。生态财富的巨大经济价值让我们意识到，想要实现生态财富的创造和我国绿色经济的发展，必须要充分保护好所有的生态财富，并对其进行合理的开发利用，只有这样才能让生态财富为我国的绿色发展提供源源不断的动力和支持。

第四章　创造生态财富实现经济绿色增长

　　生态财富创造主要包括生态财富增多和生态财富生产能力提高两个方面，构建生态财富生产体系是创造财富的关键，它包括组织、制度和科学技术。习近平同志在谈到推动形成绿色发展方式时强调要"加快构建科学适度有序的国土空间布局体系、绿色循环低碳发展的产业体系、约束和激励并举的生态文明制度体系、政府企业公众共治的绿色行动体系"①，因此，生态财富的创造要建立政府、企业、社会、公众参与的多层体系，各种组织通过发挥各自的作用形成生态财富创造的组织体系，共同作用于生态财富的创造。在生态财富创造的制度创新方面，我们首先要建立以生态财富公有制为基础的生态社会主义社会，这样才能保证生态财富创造的效率与公平。生态财富创造的方式本身就是一种经济绿色增长的方式，因此我们还要从绿色经济的制度创新和经济发展的绿色转型两个方面来推动生态财富的创造。此外，生态财富的创新还要依靠科学技术的创新来提高生态财富生产的效率，而专业化劳动分工和增加迂回生产环节就是两种极为有效的手段。

　　总之，生态财富的积累与创造是增加国家财富的基础与源泉之一，其重要价值和地位应当在国家的政策和制度中得到体现，因此，合理的制度和有效的手段是创造生态财富必不可少的条件。

---

① 《习近平谈治国理政》第二卷，外文出版社 2017 年版，第 395 页。

第一节 多重社会主体共同参与生态财富创造

一、政府是生态财富创造的主导力量

把生态看作一种财富并由此寻找新的经济增长点，是生态文明时代实现绿色发展的重要途径，而政府不仅是生态环境的保护者之一，也是经济发展方式转变的推动者，更是制定绿色经济增长制度的决策者，因此政府也是生态财富生产、创造的主导力量。首先，政府要引领全社会的绿色发展意识形态，为生态财富的创造奠定价值导向。我国在制定国家战略时，就逐步提出科学发展观、和谐社会观、建设生态文明、美丽中国等社会主义核心价值观，不仅为我国的经济增长指明了方向，也给公众树立了保护生态环境的意识。其次，政府通过制定各项法律法规，严格控制企业在经济发展中的污染行为、积极引导企业通过投资生态获得良好的经济效益，为生态财富的创造提供良好的社会环境和支持。最后，政府自身也通过投资或财政补贴各种绿色生态产业（如新兴能源、绿色技术等），成为生态财富创造的模范和先驱者。

生态财富的创造具有与其他产业不同的特点，这些特点导致对生态财富的投资很大程度上需要政府的力量来实施。原因有以下几点：

首先，投资某一个生态项目往往周期长、见效慢、投资数额大，如建设生态农场、生态城市示范区、生态林业、投资绿色新技术等等，这些项目的投资往往容易形成沉没成本和退出壁垒，企业等市场主体由于以追求短期利润最大化为目标，往往不愿意投资这些生态项目，因此也就失去了创造生态财富的机会，这是生态产业私人投资不足形成的普遍现象。表 4.1 是 2009—2019 年我国用于环境保护的财政支出总额，通过表中数据我们可以得知：近十多年来，我国用于环境保护的支出大大增加，表明我国政府对于生态财富保护和创造的重视，同时也说明了如此大金额的生态投资建设只有由政府牵头主导才能够得以顺利实施。

表 4.1 2009—2019 年我国财政环境保护支出及污染治理投资总额

项目 年份	国家财政环境 保护支出 （亿元）	中央财政环境 保护财政支出 （亿元）	地方财政节能 保护支出 （亿元）	环境污染治理 投资总额 （亿元）
2009	1934.04	37.91	1896.13	5258.39
2010	2441.98	69.48	2372.50	7612.19
2011	2640.98	74.19	2566.79	7114.03
2012	2963.46	63.65	2899.81	8253.46
2013	3435.15	100.26	3334.89	9037.20
2014	3815.60	344.74	3470.90	9575.50
2015	4802.89	400.41	4402.48	8806.30
2016	4734.80	295.49	4439.33	9219.80
2017	5617.33	350.56	5266.77	9538.95
2018	6297.61	427.56	5870.05	—
2019	7390.20	421.19	6969.01	—

资料来源：国家统计局官网。

其次，生态财富的创造具有外部性的特征。例如在河流上游投资建设一个改善生态环境的项目，这会带来保持水土、净化水质、防风固沙等各种生态效益，并且这些效益还会惠及下游地区，但需要注意的是，下游地区并不承担上游地区投资该项目的成本。因此，虽然对全社会来说该生态项目带来的总收益是大于总成本的，但是对投资方来说其收益就未必大于其投资成本，这正是由于外部性造成的损失。我们知道，在一个完全竞争的自由市场，正外部性往往造成过度消费，负外部性往往带来供给不足的现象，这就是市场失灵的表现，而此时只有通过政府的干预才能调节市场的失灵。

最后，一些大型的生态建设项目往往超过了单一市场个体的能力和责任范围，只能由政府直接投资或引资共同完成。例如，我国开展的"三北"防护林工程、退耕还林、长江生态移民等大型项目，在创造经济效益的同时更多的是带来生态和社会效益，若是想要单靠市场的力量引导企业投资，往往会因为企业追求利润最大化而无法进行，因为企业不会投资经济收益小于投资成本的项目。所以，现在很多国家进行生态财富的创造和建设更多的还是依靠政府的大力投资。同时，政府可以通过一些优惠政策吸引非政府机构通过多种渠道引资参与到这些生态效益足但经济效益相对小的项目中，这样也可以适当减轻政府的投资成本，实现多方主体的共赢。

除了政府本身作为投资者参与到生态财富的创造过程中，政府还需要借助自身的权威进行目标决策，设计一套有效的制度激励企业参与到生态财富的生产过程中，以调动市场对生态产业建设的积极性和弥补市场的失灵。政府能够综合运用财政政策、货币政策等手段引导经济发展的方向，能够刺激企业投资绿色经济，能够成为绿色经济发展过程中的制度保障者和监督者，等等。政府这一系列的角色都为生态财富的生产创造了有利的环境，这不仅是生态文明时代政府角色的转变，也是政府的必然选择。随着我国经济的不断发展，中国政府完全具备了调整经济发展方式的能力，在追求经济效益的同时也能够兼顾生态效益，若是能更进一步将生态效益与经济效益融合就能创造出更大的经济价值，而且是绿色生态财富的经济价值。

二、企业是生态财富创造的重要力量

生态危机给企业的发展带来了压力，但同时发展绿色经济等生产方式的转型也给企业带来了新的投资方向，即通过投资生态创造更多的财富。一方面，如今生态产业、绿色经济是发展的新趋势，具有极大的经济潜力，如绿色食品、生态旅游、新能源开发等等，其良好的发展前景必然吸引企业逐步向其转向；另一方面，优胜劣汰是市场机制的一个重要特征，随着生态系统提供的生态产品和服务越来越稀缺，只有高效益、低污染的发展道路能在激烈的竞争中保持优势，这就必然要求企业不断研发新技术、升级产业、节约资源，这样才能保住其在绿色经济发展大潮中的地位。

现代企业为了顺应绿色经济和可持续发展的大潮流，必须转变原有的单一追求经济利润最大化的目标，而应同时兼顾生态效益，成为生态经济人，才能实现经济和生态的双重盈余。企业想要在激烈的竞争中长久地发展下去，必须考虑经济生态效率。世界企业可持续发展委员会对生态经济效率的概念定义如下："生态经济效率的实现在于提供具有价格竞争优势的商品和服务，这些商品和服务既能满足人类需求，保证生活质量，同时，又能够通过生命周期逐步将生态环境影响减少到估计的地球承载能力的水平。"[①] 想要提高企业生态经济效率，就要通过生态改善来促进经济效益的提升，即以最小的环境破坏和最少的资源浪费来达到同样的甚至是更高的经济效益，这正是创造生态财富的重要目的。简言之，就是企业若想得到更多的经济收益，就可以把生态作为一个新的投资方向，通过投入生态系统的产品或服务，产出相应的经济和生态效益，即创造更多的生态财富。

我国的社会主义市场经济制度具有社会主义制度的基本特征，不仅要满足人民日益增长的物质需求，还要满足人民对生活质量提高的需求，即优质的生态环境。所以在社会主义制度下，市场经济和生态经济必须高度统一，这是我们建设中国特色社会主义的根本要求和重要目标。企业作为市场经济中的重要主体，必须自觉将创造生态效益作为自身的责任，坚定地走一条经济和生态双重盈余的可持续发展绿色道路，这也是企业在社会主义生态文明时代立足的必要条件。除此之外，市场是一个供需关系体现最明显的地方，在社会主义市场经济条件下，由于政府倡导绿色消费，公众也会受其价值观的引导逐步建立起绿色消费模式，而绿色消费模式也是绿色发展方式的重要环节，这就对企业的生产提出了新的需求，即只有符合消费者需要的绿色产品才能在市场上占有一席之地。因此，企业若想要得到更多的经济效益，势必要创造更多的生态财富，因为创造生态财富的过程就是创造绿色经济的过程。

---

① 张亚连等：《企业生态经济效率与可持续发展》，《城市问题》2011 年第 6 期。

第四章　创造生态财富实现经济绿色增长

如今全球化是大趋势，我国也积极参与到国际贸易和世界经济大潮中，而中国企业想要在国际市场竞争中获取一席之地，就必须紧跟世界经济发展的潮流，即改变传统的高耗能、高污染、低效益的粗放经济增长模式，走一条低耗能、低污染、高效益的绿色发展道路。美国著名学者莱斯特·R.布朗（Lester R. Brown）在《生态经济：有利于地球的经济构想》一书中指出："当世界以坚定的步伐迈向可持续发展的目标之际，不管是大企业或中小企业，皆有其应克尽之责和课题"，"能否构建可持续发展的经济，攸关企业的命运"。[①] 纵观当今世界各国，都十分注重发展绿色经济，且制定了非常严格的环境保护标准。因此，我国企业想要与国外企业同台竞技，就必须放眼于最具发展潜力的生态经济产业，想方设法创造更多的生态财富，才能走在世界发展的前沿，成为世界绿色生态产业的领头羊。

案例一：中国库布其沙漠生态财富创造

在 2015 年 12 月 1 日举行的巴黎世界气候大会上，联合国环境规划署、联合国防治荒漠化公约组织等多家国际组织推出中国企业修复生态、消除贫困经典案例，发布了《中国库布其生态财富创造模式和成果报告》《报告》阐述了亿利资源集团在库布其进行的治沙经验，认为中国是全球沙漠治理的典范和先锋，这是中国企业积极参加生态财富创造的成功模式。

位于内蒙古的库布其沙漠是中国第七大沙漠，总面积 1.86 万平方公里，亿利资源集团从 20 世纪 80 年代末期开始在此进行沙漠治理，通过防沙治沙、生态修复、土地整治、沙漠生态产业开发形成了"绿土地、绿能源、绿金融＋互联网"的沙漠生态循环产业体系。迄今为止，亿利资源集团通过改善沙漠生态、发展沙漠产业，成功缓解了沙区贫困，创造了 4600 多亿元人民币的生态财富，修复绿化沙漠 1.27 万平方公里，生态减贫超 10 万人，为 100 余万人（次）提供就业机会。中国库布其的生态财富创造模式是一种由政府政策性支持、企业商业化投资、农牧民

[①] ［美］莱斯特·R.布朗：《生态经济：有利于地球的经济构想》，转引自刘思华：《现代企业生态经济革命论》，《生态经济》2001 年第 7 期。

市场化参与的"PPP+"合作机制，是一条从"治沙"到"减贫"再到创造生态财富的绿色发展道路，因此获得联合国"全球治沙领导者奖"、联合国防治荒漠化公约"2015年度土地生命奖"等奖项，且联合国环境规划署还将库布其沙漠生态治理区确立为"全球沙漠生态经济示范区"，在全球范围内推广库布其生态财富创造模式。

具体说来，亿利资源集团在沙漠生态财富创造方面的主要途径和成果有以下几项：

第一，绿土地——沙漠生态修复，即利用生物技术和生态技术修复退化土地。通过本土化耐寒、耐旱、耐盐碱种质资源开发、生态修复与工程技术服务输出、修复沙漠化和盐碱化土地1.27万平方公里，并培育发展沙漠生态修复、生态健康、生态光伏、生态旅游等产业，让荒漠变成了绿洲，变成了沃土，长出了绿色财富，带动10多万农牧民脱贫致富，创造生态财富达4600多亿元，实现了"生态、经济、民生"的平衡驱动可持续发展。同时，企业依托从沙漠到城市生态环境修复的核心能力，将"产、融、网"相结合，建设集生态旅游、生态社区、智能交通、生态电商及互联网金融于一体的"亿利生态城"，先后在内蒙古鄂尔多斯、内蒙古乌兰察布、河北固安、福建宁德等地建设实施"亿利生态城"，目前正积极推动天津中新生态城建设。

第二，绿能源——清洁能源，即利用沙漠的光热和空间优势发展光伏清洁能源。在荒漠化地区创新实施"发电＋种树＋种草＋养殖"特色生态光伏产业，实现了修复沙漠土地、生产绿色能源、创造绿色岗位的多重效益。企业自主研发"微煤雾化"技术，实现煤炭的清洁利用，目前项目已成功落地山东、河北、天津、江苏、江西、浙江等多个省区，实现了多省联动，成为控煤减霾的主力。同时，亿利发展的城市和交通燃气业务已遍布全国20多个省，100多个城市，300多个网点。

第三，绿金融。亿利资源集团致力发展生态金融产业，主要业务为互联网绿地宝、财务公司、信托、金融租赁、投资基金等金融业务。2015年3月8日，亿利资源集团联合泛海、正泰、汇源、新华联、中国工商银行、平安银行、中(国)新(加坡)天津生态城管委会共同发起"绿色丝绸之路股权投资基金"，首期募资 300 亿元，致力于丝绸之路经济带生态环境改善和生态光伏清洁能源发展。基金首批项目拟在丝绸之路经济带沿线地区和国家投资"发电＋种树＋种草＋养殖"立体式生态光伏产业。基金的国际战略伙伴是联合国防治荒漠公约组织、联合国环境规划署、世界自然保护联盟、国际气候组织。

总的说来，亿利资源集团作为中国一家民营企业，通过投资生态产业，创造了巨额的生态财富，并由此带来就业、减贫、生态修复等多重效益，不失为企业创造生态财富的典型案例。亿利资源集团创新了"市场化、产业化、公益化"相结合的沙漠绿色经济发展机制，走出了一条抗争荒漠化、整体消除贫困、改善区域生态环境、建设整治沙漠土地的绿色发展之路。亿利资源集团的发展经历证明，企业完全可以通过创造生态财富来实现经济效益和生态效益的双赢。

三、家庭是生态财富创造的补充力量

随着现代城市的发展，在城市居住的人们不仅仅是要求有便利的交通、繁华的商业区，而是逐渐看重城市的生态环境、绿化水平、空气质量等等。不可否认的是，想要大面积地提高一个城市的绿化率，往往需要政府靠其公共力量来实施。然而，我们不应该忽视的是，每个家庭也可以为改善生态环境贡献出自己的力量，无论是在自己阳台养上几盆花草，还是在自己的庭院种上蔬菜植物，都可以增加自身居住环境的舒适度，不仅给人带来美感和愉悦的心情，也是家庭创造生态财富的有效途径。党的十九大报告也明确提出倡导简约适度、绿色低碳的生活方式，开展创建节约型机关、绿色家庭、绿色学校、绿色社区和绿色出行等行动。早在 2006 年 8 月，中国室内环境委员会宣布成立我国首个室内绿化指导服务站，以帮助身居闹市的家庭有效、科学地绿化自己的室内环境，在做好城市园林绿化和环境区域绿化的同时，动员每家每户搞好家庭室内和阳台、窗台的绿化。试想若是城市每一个家庭都拥有绿色的阳台，那千千万万个绿色阳台也能构成一个绿意盎然的城市。

由于大多数城市家庭不像农村家庭本身就依山傍水，想要拥有一个

清新的居住环境已经成为很多城市家庭的追求，由此也催生了其背后的家庭绿化行业，使其成为一种新兴绿色产业，不仅为城市家庭带来了良好的生态效益，也给相关从业者带来了经济上的收益。现在除了有专门的家庭绿化公司为家庭消费者提供绿化服务以外，还催生了一种新的职业——家庭绿化师。所谓家庭绿化师就是专门帮人绿化家庭，为各种奇花异草提供养护服务的一种职业。虽然现在很多城市家庭已经有了要用绿色植物布置自家环境的想法，甚至会花大价钱购买不少名贵的花草，但是往往缺少专业的养护知识，也没有时间悉心地养护和照看，因此造成很多绿色植物的枯萎和浪费。在这样的情况下，家庭绿化师这一职业便应时而生，为城市家庭带来专业绿化服务的同时，也成为庞大生态产业中创造生态财富经济价值的一员。

除了城市家庭以外，农村家庭也有自己的生态财富创造方式。农家乐是一种新兴的旅游休闲形式，其雏形来自于乡村旅游，是农民依靠周围美丽的自然或田园风光，将特有的乡村景观、民风民俗等融为一体，向城市居民提供的一种回归自然的休闲旅游方式。农家乐的产生是随着城市人群开始追求良好生态的愿景发展起来的，生态性是农家乐最主要的特点。农家乐建立在拥有良好生态环境的农村，有着清新的空气、美丽的田园风光、新鲜的蔬菜瓜果，其依托的根基就是城市所缺乏的良好生态环境。因此可以说，农家乐是依靠大自然提供的生态财富再创造生态财富的生产过程，解决了农村生态保护与农民增收的矛盾，是农民利用生态致富的新模式。

发展农家乐旅游有很多好处：首先，为了体现农家乐生态性的特点，农民一定会保护其周围的生态环境不被破坏，而且还会进一步改善和美化环境，因为这是他们吸引城市游客的基本条件，这也有利于村容村貌的改善。其次，农家乐为农村提供了更多的就业机会。农家乐依托农民自家的居住环境，投入成本低，就业成本也低，往往一个农家乐都是一家人自己经营，雇用的服务人员也多是自己的亲戚，因此农家乐对于解决农村剩余劳动力有着重要的意义。再次，发展农家乐旅游不仅是一种新的便捷的旅游方式，而且增加了农民的收入，给农民带来了良好的经济效益。同时，随着农家乐的发展，一些地区以此为依托，进一步开拓市场，扩展了农业的发展链条，有的建起了无公害蔬菜基地，有的则做起农产品深加工的生意，为当地经济的发展提供了契机。最后，农家乐的发展还能进一步缩小城乡差距。农家乐构建了农村经济发展的一种新模式，通过农家乐的发展能够吸引城市的技术、资金、人员向农村投入，从而与城市形成良好的经济互动、优势互补。总之，农家乐不仅是农村家庭创造生态财富的手段，也为整个社会带来了良好的社会和经济效益，是一种生态的、绿色的、可持续的发展道路。

第二节 制度创新是创造生态财富的重要保障

一、构建以生态财富公有制为基础的生态社会主义社会

美国经济学家布坎南曾说过："没有适当的法律和制度，市场就不会产生任何体现价值极大化意义上的有效率的自然秩序。"[1]制度创新是生态财富创造的基础和保障，因此必须选择合适的制度以保证生态财富创造的质量和数量。生态财富具有公共属性，因此想要实现生态财富的增多必须选择符合其特点的制度来指导其创造，即构建以生态财富公有制为基础的生态社会主义社会。

第一，生态财富的创造必须以社会主义公有制为前提。生态环境具有公共性的特点，我国在生态财富的创造问题上应该充分发挥社会主义制度的优势，因为社会主义公有制是解决生态问题的制度基础。资本主义私有制及其无限制追求剩余价值的特点与生态文明存在着难以解决的矛盾，因此资本主义私有制不可能有效地解决生态问题，更不能保证创造生态财富的目的，即实现全体人民的共同富裕。公有制经济的基本特征就是生产资料归所有劳动者共同所有，而这种非排他性正是实现共同

---

① ［美］詹姆斯·M.布坎南：《自由、市场与国家——80年代的政治经济学》，平新乔、莫扶民译，上海三联书店1989年版，第127页。

富裕的保障，从而克服私有制经济造成的生态剥削和生态财富分配不公。

对利润的追求是市场经济的自然属性，但局部的利润追求必须服从于全社会成员包括生态效益在内的社会总福利的最大化。由于生态财富公有制经济是建立在共同所有的基础上的，它在决策过程中必然追求生态和经济效益的双赢、必然考虑今天和未来的平衡，真正的公有制社会不会导致经济危机、不会浪费财富，不需要以异化消费刺激异化生产。因此，只有实现大范围的公有制，牢牢树立生态财富公有的观念，才能不让生态财富集中在少数人手里，使得共同享有成为生产的基本前提，才能消灭资源生态剥削、环境生态剥削及各种生态侵占，才能保证生态正义和生态财富分配的公平，而这正是创造生态财富必不可少的条件。

第二，生态财富的创造要以国家所有为前提。所谓创造生态财富，必然要依靠生态财富进行经济生产活动，而生态财富作为一种公共产品，其边界是不清晰的，在所有权不能得到明晰界定的情况下，短期利用生态财富的行为几乎是无法避免的。因此，生态财富的使用必须要有时间和空间上的限定性，消耗生态财富进行生产和服务的过程和结果都要有严格的责任方式，只有这样，才能促进生态财富的保护和可持续利用。为此，我们必须建立以重要生态财富国家所有为基础的制度体系，由国家和政府统一所有并组织利用，使生态财富的国家所有性质体现在经济发展中的各个方面，通过国家的权威杜绝生态财富的过度开发和浪费。而且，只有把生态财富建立在社会主义公有制的基础上，国家和政府在绿色发展的实践中，才能通过各种宏观调控手段来优化配置生态财富，从而更加有效地进行生态财富的创造，在均衡发展与环境关系的基础上通过发展绿色经济来引领发展方式转型，促进发展质量的提高。简言之，只有在国家和政府掌握了生态财富所有权的基础上，才能够更公平、更合理地分配生态财富，使生态财富普惠所有群体，这才是生态财富创造和绿色发展的追求目标。

第三，生态财富的创造还需要建立生态社会主义社会。根据生态学马克思主义学者的观点，解决生态危机的根本途径只有颠覆资本主义制度，因为资本主义的生产方式和不可持续性与绿色发展方式是矛盾对立的，只有建立生态社会主义社会才有可能构建可持续的、绿色的社会。

由此看来，生态财富的创造是不能以资本主义的生产方式进行的，必须以社会主义的方式生产生态财富，才能保证其生产的可持续性。美国学者福斯特指出，马克思认为一个符合人性的、可持续的制度应该是社会主义的，并且它应该建立在稳固的生态原则基础之上[①]。美国当代社会生态学家、生态学马克思主义的代表人物詹姆斯·奥康纳也指出："生态社会主义是指这样一种理论实践，即它们希求使交换价值从属于使用价值，使抽象劳动从属于具体劳动，这就是说，按照需要而不是利润来组织生产。"[②] 艾萨克·德茨舍在其《未完成的革命》一书中也说道："人类为了生存下来，必须联合起来；如果不在社会主义中寻找人类的联合，我们在哪里能够找到呢？"[③] 因此，建立生态社会主义社会是我们实现生态财富创造和绿色经济发展的重要基础。

生态社会主义指出了资本主义制度下财富创造的不公平性，在其制度环境下，社会的财富与权力会更加集中。而且，若要解决资本主义生产方式造成的生态破坏，唯一的办法就是改变资本主义的生产关系，要与资本主义追求利润为主导的思想彻底决裂。这只有在生态社会主义的制度下，通过计划等手段，促使人类在生产实践过程中，与生态系统进行合理的物质变换，从根本上扭转资本主义的生产关系。只有生产资料所有制、劳动者地位、产品分配等方式的改变才能使生产关系得到本质变化，让生产目的不是为了追求利润而是从人的需求出发。只有这样，才能根本转变资本主义剥削劳动者的逻辑，进而使生产过剩、过度消费等资本主义生产逻辑所衍生的问题得以解决。由此可见，只有在社会主义制度里，才能超越自由市场，重新定义劳动的价值，以追求共同利益

---

① ［美］约翰·贝拉米·福斯特：《生态危机与资本主义》，耿建新、宋兴无译，上海译文出版社 2006 年版，第 165 页。

② ［美］詹姆斯·奥康纳：《自然的理由——生态学马克思主义研究》，唐正东、臧佩洪译，南京大学出版社 2003 年版，第 525—526 页。

③ ［波兰］艾萨克·德茨舍：《未完成的革命》，转引自［美］布雷特·克拉克、［美］约翰·贝拉米·福斯特：《二十一世纪的马克思生态学》，孙要良编译，《马克思主义与现实》2010 年第 3 期。

来促进生态财富的生产。

生态社会主义所希望的理想途径是通过使用更少的生产来获得更好的生活。在这种理念之下，生态社会主义的生产目的与资本主义追求利润最大化的目的本质上是不同的。生态社会主义的生产方式是充分发挥社会主义制度的优势，通过精心的计划，在生产过程中对生态财富进行合理的利用和安排，用生态理性代替经济理性，即以对资源消耗最少、对环境污染最小、生产效率最高的方式来进行满足人类需求的生产，不过度生产和浪费，使得未来社会的生产有足够的物质基础，在生态上是可持续的。总的来讲，生态社会主义所追求的是基于生态规律的、人与自然和谐共融的绿色社会，而不是把人与自然相分离，成为对立面。此外，生态社会主义追求生态效益和经济效益的协同共进，将人类的物质欲望变为对生态和谐的谋求，从而使得人类的财富创造、运动方式都是绿色的，社会得以绿色发展。

对于如何建立生态社会主义，佩珀在《生态社会主义：从深生态学到社会正义》一书中阐述了其认为建设生态社会主义的基本原则和主要策略，他认为首先要摆脱资本主义造成的异化，通过对生产资料的共同所有制来重新定义人与自然的关系，因为生产是人与自然关系的中心，必须实现人与自然关系的集体控制[①]。换句话说，要在真正意义上实现生态社会主义，人类就应该理性地计划和控制人与自然的关系，而不应该违背自然规律并随意掠夺自然资源。而这一切只有通过一个有能力掌控的国家来实现计划，而不是通过所谓的市场制度来实现。生态社会主义社会中经济、社会和生态管理是一种相对集中、计划的模式，通过"生产正义"和"分配正义"使利润导向型的生产服从于需求导向型的生产，使交换价值服从于使用价值。生态社会主义社会必须有一个宏观经济规划来取代自由市场经济的混乱无序状态，以便确定生产多少、怎样生产以及如何分配、消费生态财富，这种关系国计民生的大规模经济

---

① ［英］戴维·佩珀：《生态社会主义：从深生态学到社会正义》，刘颖译，山东大学出版社2005年版，第355页。

运行方式几乎是一种必然的政治选择，必然需要发挥社会主义国家的政治优势，即强有力的执行力才能实现。

因此，想要实现我国生态财富的创造和绿色经济的发展，就必须坚持社会主义制度。不可否认，我国作为社会主义国家也存在生态问题，但这并不是社会主义的内生性问题，可以说社会主义与生态问题不但没有任何因果关系，反而是解决生态危机的唯一途径。社会主义制度是对资本主义制度的超越，是一种更为高级的人类文明，在解决生态危机上更是有着资本主义无法比拟的优势。和资本主义制度不同，社会主义追求的生产目标不是利润，因此在现阶段我国出现的生态问题并不是由社会主义的内在本质造成的。而且，詹姆斯·奥康纳认为，社会主义在有效应对全球资本主义经济危机和生态危机之间的破坏性的辩证关系上，有着其他社会制度无法比拟的重要作用①。所以，社会主义制度是实现生态财富创造的制度保障，只有在社会主义生产关系下，才能获得生态的平衡，实现人与自然的协调发展。总之，我国的社会主义制度为我们进行生态财富的创造提供了基本的社会条件，只有坚持社会主义制度才能构建一个生态社会主义社会，才能构建人与自然和谐共处、协调发展的绿色发展方式。

二、绿色经济创新制度促进生态财富的创造

绿色经济这一概念最早由英国环境经济学家大卫·皮尔斯在其1989年出版的著作《绿色经济的蓝图》中提出，联合国环境规划署对"绿色经济"的定义是可促成提高人类福祉和社会公平，同时显著降低环境风险与生态稀缺的经济②。绿色经济是一个象征性的、广义的概念，是生态经济与可持续经济的实现形态和形象概括，目前各个国家所倡导的低碳经济和循环经济都可以纳入绿色经济的大范畴。绿色经济、低碳经济、

---

① ［美］詹姆斯·奥康纳：《自然的理由——生态学马克思主义研究》，唐正东、臧佩洪译，南京大学出版社2003年版，第434—436页。

② 杨朝飞、［瑞典］里杰兰德主编：《中国绿色经济发展机制和政策创新研究综合报告》，中国环境科学出版社2012年版，第3页。

生态财富与绿色发展方式研究

循环经济都是从自然—经济—社会的大系统出发，追求人类的可持续发展，这些经济发展模式有助于我们从经济活动的不同角度与层面来认识问题。绿色经济涵盖了经济活动中的各个环节，在生产、分配、交换、消费等各个环节都有所体现，它所强调的是整个社会和人类的福祉在经济发展中的绿色性和重要性，对于我们对国家财富的重新认识具有重要意义。

作为在传统经济基础上发展起来的绿色经济有着自己的特性，尤其突出以绿色科技进步为手段来实现生态财富的创造，在实践中更强调以投资生态财富为核心、以创造生态财富为新的经济增长点，因此，创新绿色经济制度能为生态财富的创造提供良好的氛围和条件。此外，绿色经济制度要求建立和发展一系列绿色规则和绿色考核指标[①]，因此进行绿色经济制度创新还要将经济发展中的生态环境成本纳入考量范围，从不同角度和层面共同保障绿色经济的运行和发展。

首先，国家和政府在绿色经济创新制度中应该起到核心作用。国家和政府是绿色经济制度创新的宏观主体，它们掌握着发展绿色经济所必须的各种政策、法律法规的制定权，也是推动制度创新的基础性力量，因此必须充分发挥国家和政府的统筹作用，制定推进绿色经济发展的目标和规划。生态财富的创造往往难以单靠市场手段有效解决，因此政府可以发挥宏观调控的作用，通过合理规划生态财富的创造和配置等环节，建立绿色经济的流通渠道。具体说来，政府可以强化自身在财税、金融与价格政策方面的引导性作用，通过税收政策、货币政策等手段激励绿色产业的发展。在进行财税金融改革时，要形成激励框架以鼓励绿色投资、绿色贸易和绿色生产行为，并以此作为绿色经济创新的主要驱动力。例如，要对战略性的绿色新兴产业给予税收方面的优惠、开征环境税以控制生态污染、建立能够反映资源稀缺程度和环境成本的价格机制，等等。在国家和政府的引导和推进中，我

[①] 陈银娥、高红贵等：《绿色经济的制度创新》，中国财政经济出版社2011年版，第26页。

们应该着力培养一批具有较强自主创新能力的新兴绿色产业，打造一批具有国际市场竞争力的品牌产品，培育一批具有跨国经营能力的龙头企业，从而形成具有战略性的、能够抢占未来经济竞争制高点的绿色产业集群力量。

其次，国家和政府要在绿色经济制度创新过程中采取必要的强制手段和引导手段。从制度变迁的主体和诱因来看，制度创新方式分为强制性制度变迁和诱导性制度变迁。一般来说，中央政府是一个国家权力的中心，它所处的地位让其拥有了其他主体不具备的强大执行力，中央政府这一独特且不可替代的优势让其成为制度变迁的重要力量，且由其引发的制度创新往往是强制性的、自上而下的。诱导性制度变迁既包括宏观层面的政府诱导性制度变迁，也包括微观层面的需求诱导性制度变迁。在这个过程中，政府对制度创新采取积极诱导的方式，通过宏观调控等手段相对温和地进行体制改革。结合绿色经济发展的现实状况，绿色经济的制度创新需要结合不同的方式进行，以得到更为有效和持续的效果。

一方面，政府主导的强制性制度变迁在绿色经济的发展过程中还是比较常见的，这主要体现在政府出台相关法律法规，规定企业生产的某些环保硬性指标，通过加强生态环境保护方面的立法工作，对违背绿色经济的企业给予限制和惩罚，如高额罚款甚至勒令停产关闭等。政府主导的绿色经济创新是比较具有优势的，因为政府在掌控政治资源、配置经济资源、界定产权制度等方面均处于优势地位，因而政府的制度供给能力与意愿能够决定制度变迁的方向、速度、形式、广度与深度等。政府凭借垄断租金、政治权力、法律手段、行政命令、组织资源与意识形态等方面的优势，协调制度变迁过程中各利益集团之间的矛盾或冲突，从而降低制度变迁过程中的成本，使整个创新过程逼近帕累托改进。而这些都是微观创新主体，如企业、个人等无法具备的。

另一方面，政府可以通过绿色引导机制对绿色经济制度创新给予激励，即政府通过出台相关政策法规来调节由市场引发的绿色生产者与非绿色生产者之间、绿色生产者与社会效益之间的收益差距，使绿色产品生产者的收益率不断接近社会收益率[①]。目前市场上由于绿色产品的价格普遍高于一般产品，消费者就会减少对绿色产品的消费，而企业的生产又取决于市场的需求，这样一来势必影响绿色产业的发展。因此，政府有必要建立绿色引导机制。例如，政府可以制定绿色奖励政策，对绿色产业和绿色技术研发给予补贴或者税收优惠；可以打通绿色资金融资渠道，通过市场大规模筹集绿色发展基金；等等。

最后，在绿色经济的制度创新中不可缺少激励机制的创新，只有通过合理的激励机制才能引导和驱使相关的利益主体（包括地方政府、金融业、企业和公众）采取有利于绿色经济发展的行为。所谓激励机制实则是一种间接调控的手段，即通过激励那些能够使整个经济社会利益最大化的生态文明行为，约束那些与绿色经济理念相违背的行为，从而在经济社会利益和环境保护之间找到最理想的平衡点。绿色经济具有长期性和前瞻性的特点，并不是所有企业和消费者都能主动理解并参与实施，所以，想要绿色经济长远地、有效地发展，政府的激励和引导是必不可少的，只有如此，才能使其他主体能够充分发挥热情和作用。

政府激励机制的创新可以从以下几个方面去考虑：第一，创新绿色投融资制度，激励和约束金融机构在投融资决策中考虑潜在的环境影响，使资金向绿色经济倾斜，把与生态环境相关的潜在回报、风险和成本融合在一起，使其成为金融功能拓展的一个重要领域；第二，激励和约束企业的行为，引导企业采取行动发展循环经济，提高资源使用效率和降低污染排放量，使经济效益和生态效益双赢；第三，让公众知晓发展绿色经济的重要性，使其成为绿色经济发展中的参与者，积极配合和推动绿色经济的全面发展；第四，调动非官方的绿色环保组织，通过其积极奔走和宣传，提高公众对绿色经济的认知度和参与度，加强国际间的交流与合作，使其成为促进绿色经济多元化发展的一支重要社会力量。总之，绿色经济的发展需要在政府的激励和引导下进行，让企业、公众等主体都成为绿色经济的参与者，共同推进经济的绿色发展。

[①] 陈银娥、高红贵等：《绿色经济的制度创新》，中国财政经济出版社 2011 年版，第 136 页。

三、循环经济和低碳经济推动生态财富的创造

创造生态财富的过程就是发展绿色经济和生态经济的过程。生态财富不同于一般的物质财富，因此生产生态财富的手段也有别于传统的财富生产方式，只有大力发展循环经济和低碳经济才符合创造生态财富过程绿色化、生态化的要求。

第一，循环经济促进生态财富的创造。循环经济（Circular Economy）的思想萌芽可以追溯到环境保护兴起的 20 世纪 60 年代。1966 年，美国经济学家肯尼斯·E. 鲍尔丁（Kenneth E. Boulding）在《宇宙飞船经济学》一文中，主张建立循环式经济代替单程式经济；1969 年，鲍尔丁在《一门科学——生态经济学》中提出了"循环经济"的概念；20 世纪 90 年代，美国经济学家罗伯特·奈尔斯（Robert Niles）提出了生态重构思想，他指出"资源廉价而劳动力稀缺的'牧童经济'是一种过去的事物，必须快速转向资源被重复利用的'飞船经济'，这需要做出重大努力（政府必须扮演重要领导角色）来封闭物质循环"[1]。所谓循环经济是对物质闭环流动性经济的简称，它是以资源的高效利用和循环利用为目标，以"减量化、再利用、资源化"为原则，运用生态学规律来指导社会的经济活动，因此其本质上是一种生态经济[2]。

要构建生态财富创造的制度体系，必须要大力发展循环经济，而要建立健全循环经济的发展制度，我们必须从马克思主义的物质变换理论中寻找理论依据。马克思认为，整个生态系统是一个有机联系的整体，自然界万物遵循永恒循环和无限发展的规律，从而揭示了作为整体的自然和社会运动的基本形式，就是物质循环运动[3]。一方面，整个生态系统是在无限循环和运动中的，恩格斯指出："整个自然界，从最小的东西到最大的东西，从沙粒到太阳，从原生生物到人，都处于永恒的产生和消失中，处于不断的流动中，处于不息的运动和变化中。"[4] 因此，整个自然界被证明

---

① 傅国华、许能锐主编:《生态经济学》(第二版)，经济科学出版社 2014 年版，第 160 页。
② 傅国华、许能锐主编:《生态经济学》(第二版)，经济科学出版社 2014 年版，第 161 页。
③ 刘思华:《生态学马克思主义经济学原理》，人民出版社 2006 年版，第 304 页。
④ 《马克思恩格斯选集》第 4 卷，人民出版社 1995 年版，第 270—271 页。

是在永恒的流动和循环中运动着。另一方面，人类社会同自然界一样也是循环运动的，根据马克思的观点，任何社会的经济运动过程，都不是一次运动过程，而是不断重复、不断更新的过程。马克思说："不管生产过程的社会形式怎样，它必须是连续不断的，或者说，必须周而复始地经过同样一些阶段。一个社会不能停止消费，同样，它也不能停止生产。因此，每一个社会生产过程，从经常的联系和它不断更新来看，同时也就是再生产过程。"① 如此一来，在经济系统中，生产、分配、交换、消费四个环节就通过物质、能量、信息和价值交换不断循环，逐步推动社会再生产的发展，这就是人类社会经济系统的循环运动。

生态系统和经济系统都是不断循环更新的，而生态经济系统作为这两者的综合体也是不断循环往复的。根据马克思物质变换理论，社会生产和再生产过程就是人与生态系统进行物质变换的过程，人类的生产实践必然要从生态系统中获取资源，在人类劳动的改造下，使其变为具有使用价值和经济价值的生态财富。随着社会再生产的循环往复，人类一方面从生态系统中获取自然物质，一方面又将生产和生活废弃物排回生态系统，这种周而复始的物质变换过程构成了人与自然之间最基本的生态经济关系。因此，人类经济系统与自然生态系统的物质变换过程在人类劳动的作用下，实现了双方的物质和能量变换，从而形成了人与自然之间的物质循环。

马克思、恩格斯关于物质循环的理论，是马克思主义再生产理论的有机组成部分，其最大的现实意义就在于它跟当今人类社会生产与再生产紧密联系，而这个原理的现代化集中到一点，就是发展循环经济。循环经济的特征就是要求物质资源在经济体系内通过多次重复利用，从而达到生产和消费的"非物质化"，尽量减少对自然资源的消耗，且最终排放的废弃物不能超过生态系统的自净能力。循环经济作为一种绿色发展模式，强调自然资源的低投入、高利用和废弃物的低排放，从而有效控制环境污染和节约资源，将自然资源的利用最大化，形成一种最优生产、最优消费和最少废弃的经济发展模式，而这正是建立在马克思主义物质变换理论基础上的。

---

① 《马克思恩格斯全集》第23卷，人民出版社1972年版，第621页。

第二，低碳经济推动生态财富的创造。所谓低碳经济就是指人类在生产、分配、交换、消费等四个经济环节中，充分利用可再生能源等非化石燃料，同时使化石燃料的利用实现低碳化。并且，通过对二氧化碳等温室气体的排放实行管制，从而使其排放量最大程度地降低，进而防止地球变暖的一种绿色发展方式[①]。低碳经济实际上是一个相对于现有的经济模式，也就是高碳经济模式的一个概念，发展低碳经济也就是从高碳经济向低碳经济转型的一系列创新活动，而这也正是今后新的国际竞争战略，拥有低碳经济创新的优势者就是低碳经济的规则制定者。

图 4.1 是中国石油新闻中心根据国际能源署《世界能源展望》报告发布的在现行能源消费需求状况下，世界能源需求从 1980 年到 2030 年（预测）50 年间的状况和趋势。从图中我们可以看出，虽然未来 10 年化石能源依然是主要的消费能源，但是风能、太阳能等新型绿色能源将迅速发展，全球能源体系转型呼唤低碳能源。由此可见，发展低碳经济是未来能源市场的重要转型方向，只有大力发展新兴清洁能源，才能在全球低碳发展潮流中掌握主动权。

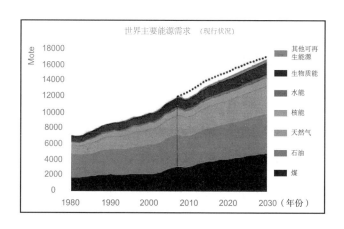

图 4.1　1980—2030 年（预测）世界主要能源需求状况

---

① 蔡林海：《低碳经济：绿色革命与全球创新竞争大格局》，经济科学出版社 2009 年版，第 18 页。

资料来源：中国石油新闻中心。

目前，许多国家或企业，在投资决策过程中，因为缺乏碳价格的概念，在扩大内需的过程中，经济投资仍然向高碳型产业倾斜，而这毫无疑问会增加一国今后向低碳经济转型的成本和难度。任何经济体都会时常面临着结构变化的局面，走在最前列的经济体往往是具有灵活性且善于应对变化者，而发展低碳经济是创造生态财富、实现新的经济增长的良机。低碳经济是一场涉及生产模式、关乎国家权益的全球性革命，与每个人的生活和行为息息相关。低碳经济具有经济性、战略性和全球性的特点，它旨在通过控制大气中温室气体的浓度来实现经济的可持续发展，而这一发展方式并非权宜之计，而应该从全局的高度建立应对和减缓全球气候变化的战略性选择，而且发展低碳经济需要全球合作，任何一个国家都不能单独面对这一严峻挑战。

总之，低碳经济能够改变传统高碳经济发展方式破坏生态环境的劣势，实现经济活动投入和产出的低碳化。低碳经济已经成为全球发展的新趋势，它不仅可以保护环境，还可以通过低碳技术的发展改变经济增长的方式，从而实现人类社会的绿色可持续发展。可见，低碳经济是立足于对生态系统保护的绿色经济发展模式，发展低碳经济也是创造生态财富和实现经济绿色增长的一个有效途径。

第三节 科技创新是生态财富创造的重要推手

一、科技创新促进生态财富的创造

生态财富的创造不仅仅是依靠物质、资源和人力的投入，同时也需要通过科技创新提高效率。同时，创造生态财富是建立在经济社会发展的可持续性和可循环性上的，即要求在物质的循环利用和再生的基础上发展经济，通过资源的高效和循环使用把经济系统和谐地纳入到自然生态系统的物质循环过程中，而生态创新机制无疑是实现这一目标的重要途径。所谓生态创新就是通过研究生态环境系统和经济社会系统之间的物质循环与能量转化的关系，创造更多的物质和能量，促进生态与经济的良性循环，实现生态环境与经济社会的有机结合与协调发展①。在科学技术高度发达的今天，生态创新离不开绿色科技的创新。由此说来，我们应当通过大力发展绿色科技，提高绿色发展的创新能力，开发和推广节约、替代、循环利用和治理污染的先进适用技术，开拓可供利用的新的自然资源，提高资源利用率和经济效益等方式来实现这一目标，这是我们由工业文明走向生态文明的必然选择。

强调科技创新是西方生态现代化理论自始至终的一个基本主张，尽管对于科技创新在生态现代化进程中应该发挥到一个什么程度还存在争议，但可以确定的是，科技创新对于生态财富的创造有着十分重要的作用。根据马克思异化理论我们已经得知，科学技术在给我们带来极大财富的同时也发生了异化，所以我们必须通过绿色科技创新将异化的科学技术复归到其良性发展的道路上来，这是实现生态经济协调发展的根本动力。早在西方生态现代化理论的萌芽期，以约瑟夫·胡伯为代表的学者就十分强调科技创新在社会新陈代谢中的作用，并认为这是产生生态转型的根本。在他看来，生态现代化首先关乎科学知识和先进的技术，先进的技术在任何成功的环境变革中都具有很强的相关性，技术创新被看作是走向可持续发展所必须的部分②。

绿色科技是在人类活动对生态环境的负面影响不断加大的过程中凸显出来的，其实质是一种保持人类可持续发展的科技体系，是对科技为经济社会与生态环境和谐发展服务的方向性引导和生态化规范③。绿色科技是为减轻技术的生态负效应而产生和发展并成为当代技术进步的重心的，具有高效性、相对性、时变性、区域性、生态性、人文性等特征。它包括几个层次的含义：一是指生产技术系统的运转对生态系统的消极影响很小或有利于恢复和重建生态平衡；二是指产品技术系统功能的发

---

① 刘加林等：《循环经济生态创新力研究》，《中国地质大学学报（社会科学版）》2010年第2期。
② 付成双：《历史学视角下的生态现代化理论》，《史学月刊》2018年第3期。
③ 陈银娥、高红贵等：《绿色经济的制度创新》，中国财政经济出版社2011年版，第137页。

挥以及报废后的自然降解过程对生态系统的消极影响甚微；三是单元技术在产业技术系统中的应用可明显减轻和部分消除原技术的生态负效应；四是可以实现物质的最大化利用，尽可能把对环境污染物的排放消除在生产过程中。[1]绿色科技的创新需要有一系列的制度支撑才能保证其创新的效率，大致说来，绿色科技创新可以通过政策激励制度、现代市场制度、社会参与制度、文化提升制度、法律保障制度等五种制度共同作用，从而形成一个联动制度体系（见图4.2）。

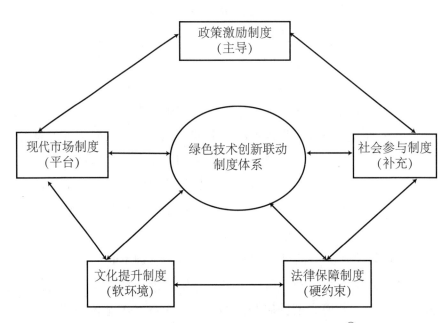

图 4.2　五大制度的内在关系及联动机制 [2]

想要依靠科技创新提高生态财富创造的效率，就一定要实现科技创新的生态化和绿色化。工业文明时代的价值观认为，技术的发展是为了让人类征服和主宰自然，通过对生态资源的开发利用满足人类的欲望。在这样的价值观下，技术已经成为人们破坏自然、榨取自然的工具和手

---

[1] 陈银娥、高红贵等：《绿色经济的制度创新》，中国财政经济出版社2011年版，第139页。

[2] 杨发庭：《构建绿色技术创新的联动制度体系研究》，《学术论坛》2016年第1期。

段，这是不可持续的。如今我们步入了生态文明时代，此时的科技创新价值观就强调技术必须而且有可能为社会、自然的协调发展提供正确的实现手段和途径，此时就提出了科技创新的生态化原则。所谓生态化原则就是要求科技创新的发展要符合自然生态的发展规律，要维护自然的生态平衡，技术的规模和效用要同自然环境协调发展，科学技术系统的发展要符合生态系统的演化，技术的存在不能破坏周围的生态环境，应当克服自身异化对生态环境的不利影响，通过变害为利实现技术演进同自然界的良性循环和持续发展[①]。

构建绿色科技创新体系，要求技术运用的主体摒弃传统的"主客二分"的思维方式，将人与自然之间的关系看作主体与客体、个体与整体、要素与系统之间的关系，这种价值观体现了绿色科技创新的哲学内涵的历史传承性。绿色科技创新强调发展绿色技术，追求通过最少的资源消耗、最小的污染破坏来达到最佳的生态效益，实现了从传统的征服自然观向和谐自然观的转变，是人类对于人与自然关系的更加深刻的理解，对于人类从工业文明向生态文明转变具有重大意义。绿色科技的进步和创新一方面能加强对生态资源的合理利用，另一方面也能更好地保护生态环境。因此，对于目前出现的新能源、新材料、新技术等新兴领域，我们理应投入更多的关注。总之，创造生态财富和发展绿色经济离不开绿色科技的创新，绿色经济将会引领新一轮的技术和产业革命，只有掌握绿色科技才能确保国家技术竞争力处于全球的领先地位。

二、提高科技创新效率

进行生态财富创造必须提高科技创新的效率，下面从实现劳动分工专业化和增加迂回生产环节两个方面来讨论如何提高科技创新的效率。

首先，亚当·斯密在《国富论》中指出，劳动生产力最大的改进，以及劳动在任何地方运作或应用中所体现的技能、熟练程度和判断力的

---

① 赵建军：《如何实现美丽中国梦：生态文明开启新时代》，知识产权出版社2013年版，第111页。

大部分，似乎都是劳动分工的结果[①]。根据亚当·斯密的观点，一国国民财富积累首要的也是最重要的原因是劳动生产率的提高，而劳动生产率的最大提高则是分工的结果。因此，若想要创造生态财富，就要注重分工对提高科技创新效率的作用，因为分工是国民财富增进的源泉。亚当·斯密还认为，在享有最发达的产业和效率增进的那些国家，分工也进行得最彻底，这是由于劳动分工而使同样数量的人所能完成的工作数量得到巨大增长。具体说来，有以下几个原因：第一，提高工人的技术水平和熟练程度，就能使他完成的工作量增加，而劳动分工能够使在某一个岗位的工人只专心于一个环节的生产工作，从而大大提高其操作的熟练程度，其劳动产量和效率必然得到提升；第二，不同工作间的转换会大大地浪费时间，而分工省去了由于工作转换造成的时间损失，从而节约了劳动时间；第三，机器对于提高劳动效率的作用是不言而喻的，然而机器的发明恰巧是由于劳动分工的结果。因此，劳动分工形成的专业化能使工人的技术水平得以提高、能节约劳动时间、能带来技术进步，从而大大提升劳动生产率、产生报酬递增，使得财富的生产更加高效。

马克思也分析了分工带来的生产效率的提高，他认为在劳动分工不是很专业化的原始社会中，每个成员都承担着多重的生产和生活职能，而随着分工的出现，专业化使得每个人可以集中于自己擅长的生产环节，从而有利于集体效益的增加。马歇尔也阐述了专业化分工在报酬递增和工业组织形式上的重要作用，他的视域已经从单个的劳动分工扩展到了整个行业的分工，他从工业布局、企业规模生产、企业经营职能三个层次分析了分工所带来的报酬递增作用。

总结来说，分工的作用在于：第一，分工越细，劳动就越简单化；第二，由于分工促进了生产效率的提高，在较短的劳动时间内完成同样的工作，就能够生产较多的财富，使人们不再疲于谋生；第三，分工就是效率，分工就是生产力，有效率就能够创造更多的财富，有效率就能够节约更多的劳动时间，人们就能够从贫困和劳累中解放出来，还能够

[①] ［英］亚当·斯密：《国富论》（上），杨敬年译，陕西人民出版社 2006 年版，第 4 页。

拥有更多的自由。因此，只有分工才是人的解放的最有效手段和方式。因此，分工本质就是一种专业化生产。事实证明，专业化分工能通过降低交易成本和产生规模经济的报酬递增促进某一产业的发展，而创造生态财富也需要如此。随着分工的发展和专业化生产水平的提高，劳动者能够更有效地积累专门领域内的知识和技能，从而提高其劳动生产效率和降低其交易成本，从而进一步提高创造生态财富的效率。

其次，奥地利经济学家庞巴维克于 1889 年提出迂回生产理论，他认为间接生产方式不仅更好而且更快[1]。所谓间接生产方式也就是迂回生产，即先生产生产资料，再用生产资料去生产消费品。在此过程中，通过先制造生产工具再生产最终产品的"迂回生产"办法，对于劳动生产率的提高有着积极的促进作用。例如，一个人每次想要喝水时都必须从河里挑一桶水到家里才能够使用水资源，然而若是他先修一根从河边到家里的水管，之后就能将水直接从河里引到家中，大大节省了时间和劳动力。所以，先制造生产工具的迂回生产办法实际上是分工细化和深化的结果，不仅能提高生产效率，而且随着迂回生产链条的加长，生产效率也会随之提高。

此外，澳大利亚经济学家杨小凯认为，交易效率的改进会产生一些与工业化过程有关的共生现象：专业化水平上升，迂回生产链条加长，每个链条上的中间产品数增加，即迂回生产链条增长会使生产率上升。但在现实中，很多活动中加长迂回生产的链条不一定能增加最终产品的生产率。而有些活动中，加高一点迂回程度会使最终产品生产率下降，而进一步加长迂回生产链，生产率又会上升。如果考虑时间因素会产生熟能生巧的动态效果，迂回生产中的专业化要长到一定时间，其经济效果才能发挥[2]。美国经济学家阿林·杨格在《报酬递增与经济进步》（1928）一文中也提出了通过迂回生产增加社会收益的方法，他认为最重要的分

---

[1]　［奥］庞巴维克：《资本实证论》，陈端译，商务印书馆 1997 年版，第 119 页。
[2]　［澳］杨小凯、黄有光：《专业化与经济组织——一种新兴古典微观经济学框架》，张玉纲译，经济科学出版社 1999 年版，第 293 页。

工形式是生产迂回程度的加强及新行业的出现。杨格认为没有人能怀疑在"简单化和标准化"方面所取得的卓越的经济效益，报酬递增的经济也是一种迂回方法的经济，而且迂回方法的经济比其他形式的劳动分工的经济更多地取决于市场的规模。

最后，需要强调的是，在采取专业化分工和迂回生产环节提高科技创新的实践中，要看到马克思对于分工本质的认识，避免陷入资本主义生产的陷阱。马克思强调分工的本质是劳动，即人们对生产劳动的分割形成了所谓的"分工"。马克思一直把劳动价值论放在首位，认为劳动是人类社会和所有其他社会经济关系的基础和起点，且分工只是劳动的一种外化形式。对于劳动分工的作用问题，马克思和别的经济学家一样，看到了其积极作用，但是马克思更深刻地洞悉了资本主义生产关系下劳动分工的负面作用。他指出，在资本主义生产关系下，由于异化劳动的原因，分工虽然使得个人在某个领域的劳动技能得到提高，但是劳动者被局限在这个特定工作岗位，无法在其他领域全面自由发展。因此，此时的劳动不是为了满足劳动者自身的需求，而是异化成劳动者的负担，使得个人丧失了对劳动的兴趣，沦为劳动的奴隶。也就是说，专业化分工和迂回生产环节只是提高科技创新效率的手段，这些方法和手段要在一定的社会制度下实施才能保证其真正实现广大人民的利益，而这个制度就是社会主义制度。任何促进绿色科技创新的方法都是为我国的社会主义生态文明建设所服务的，因此不能脱离我国的基本经济制度，只有坚持这一制度，才能有效地为创造生态财富、实现经济社会绿色发展提供技术支持。

第五章　构建全球生态财富配置新秩序

　　生态财富是新的经济增长点，除了要想方设法创造更多的生态财富，把其配置好才是我们的最终目的。创造生态财富和配置生态财富是紧密相连的，配置生态财富的依据、配置的方式和配置的结果都会影响生态财富的进一步创造。生态财富的公共性特点决定了其配置问题"不是一个国家、一个地区的问题，而是全球性问题。习近平同志站在世界前途和人类命运的高度，提出生态文明建设关乎各国共同利益和人类未来发展，倡导国际社会携手同行，共同解决好工业文明带来的矛盾与挑战，努力实现人与自然和谐共生的目标"①。

　　目前我国及国际上对生态财富的配置方式主要有计划、市场、协作几种途径，它们具体对应于本章探讨的社会主义计划配置、社会主义市场配置、国际协作配置三种方式。生态学马克思主义学者认为，资本主义私有制及其生产方式是导致生态危机和生态财富配置不公的根本原因，根据生态财富公共性、整体性的特点，采用社会主义公有制和计划手段是配置生态财富最为合理的方式。与此同时，在具体的实践过程中，我们还可以通过社会主义市场交易的方式配置生态财富，生态补偿、碳交易、排污权交易等都是有效的途径，但它们都要在国家和政府的引导下才能更好地发挥作用。此外，由于生态财富具有全球性的特点，在其配置问题上要消除国际生态剥削，通过国际协作构建全球生态财富配置的新秩序。

---

① 中共中央党校（国家行政学院）：《习近平新时代中国特色社会主义思想基本问题》，人民出版社、中共中央党校出版社 2020 年版，第 319—320 页。

第一节 社会主义计划配置生态财富

一、社会主义计划配置生态财富的理论依据

生态学马克思主义学者在研究了马克思主义的理论后，结合当今世界的生态危机问题指出资本主义制度是生态环境恶化的根源。在资本主义私有制的条件下，人们把个人对财富的占有作为生产的目的，把生态财富当作个人的私有财产，把大量消费生态财富作为前提，对生态财富进行肆意掠夺。资本主义私有制这种私有性质的财富积累，是一种大量索取生态财富来满足人类欲望的生产方式，即以追求利润最大化为宗旨的资本主义生产方式。詹姆斯·奥康纳指出，资本主义社会是利润导向型社会，其生产的目的是为了追求利润，而不是为了满足需要。可以说在资本主义社会，数量重于质量[1]。所以，资本主义的利润动机决定了其为了满足自己对利润的追求，无所顾忌地对生态财富进行最大限度的剥削，这必然导致生态财富的过度损耗，从而进一步加重生态危机。在资本主义生产条件下，在不影响利润的前提下，资本家是不会在意资源消耗和环境破坏问题的，只有这种危害达到了自然不能承受的程度而反过来影响资本主义生产的时候，他们才会适当地保护环境。可见，就算不得已要进行环境保护，资本家也会将环境保护的成本转嫁到价格中，其出于利润而强制进行的生态改善只是延缓了全面生态危机的到来。

在资本主义私有制制度下，资本扩张是不可避免的，而资本的扩张具有反生态的性质，这也从根本上决定了资本主义生产方式的不可持续性。奥康纳还进一步指出，资本主义有二重矛盾，即除了传统的历史唯

---

[1] ［美］詹姆斯·奥康纳:《自然的理由——生态学马克思主义研究》，唐正东、臧佩洪译，南京大学出版社 2003 年版，第 514 页。

物主义所讲的生产力和生产关系之间的矛盾，还存在着资本主义生产力及生产关系与生产条件之间的矛盾。之所以会出现第二重矛盾，奥康纳认为根本原因在于"资本主义从经济的维度对劳动力、城市的基础设施和空间，以及外部自然界或环境的自我摧残性的利用和使用"①。对利润无限增长的追求决定了资本将不断自我扩张，但生态系统并不能扩张，其运行周期和节奏无法跟上资本扩张的速度，这意味着资本主义生产不可避免地要受到生态系统的约束和影响，这种不协调的结果只能造成对生态财富的无限消耗和对生态环境的严重破坏，从而导致生态危机。而生态危机反过来又会造成资本成本的增加从而进一步加重经济危机。因此，资本主义制度的反生态性质决定了其在生态上具有不可持续性。

资本主义私有制还会造成生态财富的配置不公。在资本主义私有制经济中，由于财富的归属存在着巨大差异，富人拥有以生态破坏为前提的高比例的生态财富和生态福利，而穷人往往承受更多的生态负福利，即遭受更多的生态破坏带来的恶果。在此情况下，由于大量的生态财富被私人所占有，因此就无法在所有群体中实现公平配置，而只有实现生态财富的公有制，才能保证生态财富为所有人享有。社会主义公有制条件下的生态财富能消灭生态剥削和各种生态侵占，能避免少数人利用生态资源剥削他人，也能防止其利用人类共有的生态资源从其他社会成员手中大量转移财富。

所以，生态学马克思主义学者强调，只有彻底颠覆资本主义制度，建立生态社会主义社会，才能实现生态财富的有效、公平配置，生态危机才有可能最终解决。生态学马克思主义学者们在批判资本主义不可持续的同时，他们大都论述了实现社会主义的必然性。奥康纳对资本主义以追求利润为目的的生产方式和生产关系进行了批判，认为社会主义是建立在公正和可持续基础上的，它优先考虑的是满足人的基本需求和长期安全，而不是利润的生产。由此，我们可以把生态社会主义理解为一个按照需要来进

① ［美］詹姆斯·奥康纳：《自然的理由——生态学马克思主义研究》，唐正东、臧佩洪译，南京大学出版社2003年版，第284页。

行生产的社会，其生产的目的在于使用价值而不是交换价值，所以能够最大限度地减少对生态财富的浪费，从而对生态财富进行合理的使用和配置。

此外，佩珀也提出了自己对于建设生态社会主义的主要原则和策略，他指出："通过生产资料共同所有制实现的重新占有对我们与自然关系的集体控制，异化可以被克服：因为生产是我们与自然关系的中心，即使它不是那种关系的全部内容。"①换句话说，要避免人类中心主义的出现，人类只有在重新认识了自身在自然界中的位置后，才能够有计划地协调经济发展和生态平衡的关系，而这正需要社会主义来实现。因为只有通过一个有掌控能力的国家来实现计划，而不是仅仅通过所谓的市场制度来实现，才能确保生态财富的公平和有效配置。因此，生态学马克思主义理论家所设计的生态社会主义社会是一个颠覆资本主义生产关系和权力结构、克服资本主义社会以异化消费控制人们实现自我满足的形式、通过社会主义计划实现生产和分配正义的社会，它是一个能实现人与自然和谐共处的可持续发展的社会。

二、社会主义公有制是生态财富配置的制度基础

资本主义私有制及其市场经济必然导致生态财富配置不公正，其生态财富占有不平衡会产生资源环境的生态剥削、财富转移和环境侵占。资本主义私有制基础上剩余价值占有的特点与生态平衡和生态文明存在难以解决的矛盾，资本主义私有制基础上的生态保护和生态重建不可能有效地解决生态问题。因此在生态财富的配置问题上应该充分发挥社会主义制度的优势，因为公有制是解决生态财富配置的制度基础。真正的公有制经济是财产归全社会所有的经济，公有制经济必然以满足全体社会成员的需要为目的，而不会无限制地追求剩余价值和利润，这种经济必然根据社会性计划寻求社会生态成本和社会总福利之间的平衡。而且，社会主义社会考虑的是当前利益和长远利益的统一，其所获得的财富和

---

① ［英］戴维·佩珀：《生态社会主义：从深生态学到社会正义》，刘颖译，山东大学出版社2005年版，第355页。

付出的成本都由全社会共同承担，因此想要这样一种经济合理有效地运行离不开计划。所以，只有在社会主义计划制度下配置生态财富，才能避免资本主义私有制造成的生态财富配置不公，才能解决生态财富在不同群体、不同地域间配置的矛盾，才能有效实现生态平等和生态公正。

社会主义的本质是解放和发展生产力，消灭剥削，消除两极分化，最终达到共同富裕，而阻碍实现共同富裕的最大障碍就是贫富差距的日益增大，而造成贫富差距的原因又恰巧是财富分配不公，而造成财富分配不公的根本原因就是所有制结构发生了变化。根据马克思政治经济学的观点，所有制决定了分配制度，财产关系决定了分配关系，贫富差距主要就是由于人们在财富占有上的差别造成的，而财富占有上的差别就是源于初次分配不公。我们必须杜绝所有制结构上和生态财富占有上公降私升的情况发生，防止生态财富逐步积累在少数人手上才是实现共同富裕的根本途径。

因此，为了追求生态财富合理有效配置的目标，我们必须坚持公有制为主体的社会主义制度，必须重视公有制经济的地位和作用，只有坚持生态财富公有，才能从根本上实现生态财富的有效配置。具体说来，首先，在以公有制为基础的生产过程中，生态财富作为生产资料不是对劳动者进行剥削的手段，生态财富的分配是由劳动者在生产过程中的劳动贡献决定的，因此不会有太大差距；其次，实行生态财富公有制使得生产出来的新的生态财富能通过国家的分配，提供更多的公共产品和服务，从而更好地调节分配差距，帮助低收入人群；再次，以公有制为主体的经济结构是以按劳分配为主的分配制度的基础，只有坚持按劳分配的主体地位，才能从真正意义上维护生态财富的公平分配，从而防止对财富占有的差距造成分配的差距；最后，公有制经济能够对私有制经济起到一定的限制作用，使得国家能够运用宏观调控的手段公平分配财富，防止财富集中在少数人手中。

总之，实行生态财富公有制有利于全社会的成员都公平地享有生态资源，能够更有效地在全社会范围内合理、公平、有效地配置生态财富，使得生态财富的生产更加高效。生态财富是一个国家生存和发展的物质基础，关系到国民经济的命脉，只有实行公有制才能防止私人通过垄断来剥削他人的生态财富，才能为我国的经济发展提供重要的物质保证。

三、社会主义计划配置生态财富的优势

由于生态财富具有公共性、全球性、整体性等特点，其所有权首先应该属于国家，所以在生态财富配置上，想要依靠市场发挥主要配置作用是不可能的，这与生态财富本身的属性相违背，这样的配置也必然是不合理的。这是因为：一方面，由于市场并不总能保持有效的资源配置，其导致低效配置的具体原因包括外部性、不明晰的产权制度、交易资源产权的不完全市场等，当存在这些因素时，市场配置并不能使净效益最大化；另一方面，虽然市场在提供必要信息和激励来解决资源配置问题上能发挥一定作用，但由于很多生态财富是公共物品，市场不会站在资源使用总量相对生态系统而言最优(甚至仅仅是可持续的)的角度，去考虑限制自身规模的增长，其在资源配置问题上首要考虑的是效率而不是公平。因此，仅仅依赖市场进行生态财富的配置，同时又期望市场能解决配置的公平问题是不可能的。

由此可见，自由市场不能保护共同财富和资源，必须强化系统内的国家干预程度。许多政策制定者已经认识到这一点，因此很多国家把大部分政府预算都花在了国防、公共卫生、教育、道路系统、桥梁、路灯、国家公园等公共服务方面。对我们而言，在生态财富公有的基础上，必须发挥社会主义国家宏观调控的作用，根据生态财富的属性合理、有效地对其进行配置。这里的宏观调控更多的是指国家干预，要求国家综合运用各种手段，如经济政策、经济法规、计划指导和必要的行政管理等，对生态财富的配置进行调节与控制，实现资源的优化配置。生态财富的公共属性决定了其提供公共服务的功能，而市场由于其逐利性的本质，必然会造成外部不经济，只有国家和政府才能站在大多数人利益的角度对其进行宏观配置，以保证生态财富生产和分配的效率与公平，实现经济社会的和谐发展和全体人民的共同富裕。

在社会化大生产的条件下，社会主义国家能够根据社会需要，采取

计划的方式来统筹规划生态财富的配置。计划配置是马克思主义政治经济学的重要设想，在社会主义社会中，生态财富作为生产资料归全社会所有，想要实现生态财富的有效配置，就需要有一个统一的计划来调控，而这只能在社会主义国家里才能实现。这样一来，不仅可以避免市场失灵造成的资源闲置或浪费，还可以从整体和长远利益上来协调生态财富的配置，从而集中力量生产更多的生态财富，更加合理地分配生态财富。因此，在生态财富的配置上，运用计划的手段，就可以实现用"看得见的手"进行调节，从总体上保持生态财富的合理配置，促进社会公正。

需要说明的是，用计划配置生态财富，与传统的强制计划经济不一样，更不是所谓的命令经济，这里的计划主要是指社会主义国家和政府，通过预测规划和运用宏观调控手段来指导生态财富的配置和国家的经济发展。简言之，由于社会主义国家实行公有制经济，生态财富归国家所有，政府能够运用计划的手段对生态财富的运动进行控制和调节，这是以私有制为基础的资本主义国家所不能实现的。在社会主义国家，政府通过规划经济发展战略，从而有效地引导生态财富的配置，保证了生态财富的合理运用，使得生态财富在社会经济活动中能按照一定的计划科学合理地运动。

第二节　社会主义市场配置生态财富

一、社会主义市场配置生态财富的理论依据

在生态经济学中，有效配置很重要。生态经济学家把地球看作一艘船，而把经济的总物质量看作货物，这艘船的适航性则是由它的生态健康程度、生活必需品的供应程度以及它的设计所决定的[1]。具体说来，有效地装载一条船，就是确保装载物从船头到船尾要分配好，这样才能确保

---

[1] ［美］赫尔曼·E.戴利、［美］乔舒亚·法利：《生态经济学：原理和应用》（第二版），金志农等译，中国人民大学出版社 2014 年版，第 4 页。

船在水里均匀地浮起来。如果超载了，装得再有效也没有用，而且授权装载货物的人也很重要，我们不希望坐头等舱的乘客独占所有的货舱，而坐统舱的人在整个航程中却没有足够的食品和衣物。因此，我们要使货物重量保持在极限范围之内，它是由船的设计以及它可能碰到的最坏的情况来决定的，而且要确保所有的乘客都有足够的资源度过一个舒适的航程，这样才是有效的装载。

根据以上生态经济学对资源配置的描述，我们可以大致总结出配置生态财富的三个准则，即效率、公平和可持续。换句话说，生态财富的配置应该是有效的，同时它还应该是公平的，更重要的是它在生态上是可持续的。实现可持续规模、公平分配和有效配置看似是三个截然不同的问题，但其实它们不是孤立的，解决其中一个问题并不意味着其他问题也得到解决，三种政策行动需要按照适当的顺序执行。首先，设定一个定量限度，以反映对可持续规模的判断。也就是说，先前没有限制或免费的生态财富现在被认为是稀缺物品了，而且它的利用规模是有限的。其次，新的稀缺性物品或权利现在成为一种有价值的资产，决定谁拥有它是一个公平分配问题。最后，一旦从政治上决定了规模和分配，我们就可以进行个人交易，并获得有效的市场配置。

在分析了配置生态财富的准则后，下面我们将进一步探讨生态经济学中关于市场与资源配置的相关理论。

在市场配置资源时，交易是一个主要的配置手段，若想实现生态财富的有效、公平、可持续配置，就不得不考虑环境外部性问题。20世纪初，英国经济学家阿瑟·塞西尔·庇古（Arthur Cecit Pigou）开始努力解决环境外部性内部化的问题。具体说来，若是某个经济主体由于自身的生产实践给另一个经济主体带来了损失或收益，却没有为之承担应有的成本或没有获得应有的收益，这时便产生了外部性。这种外部性可分为正外部性和负外部性。就环境问题而言，一般表现为外部不经济性或负外部性。在负外部性的情况下，基本的问题就是经济主体能够忽略生产或消费的成本，因此边际成本等于边际收益的市场均衡不会出现，而且一些好的市场优势也不会呈现。也就是说，人们从事经济活动时不注意对环境造成的影响，造成的环境成本不计算入产品和交易的成本中去。这是导致环境污染问题产生的主要动因，也是发展与环境问题产生的症结所在。现在普遍认为市场失灵和政府失灵是环境成本外部化的原因，所以解决的最直接的办法就是把环境成本内部化。对此，庇古提出了一个简单的解决办法，即开征一种税，使得税率等于边际外部成本，这将迫使经济主体考虑所有的经济成本，从而创造一种均衡，使得边际社会成本等于边际社会收益。庇古税从本质上为国家创建了一种环境所有权，这里用到了责任规则：在不得已的情况下企业可以污染环境，但必须对污染造成的损失作出赔偿。

与征税相对应的措施则是给予补贴。具体说来，庇古补贴（Pigou Subsidy）是指给企业每降低一个单位的环境成本的一种报酬，它与税收具有许多相同的属性[①]。在理想状态下，这种补贴就等于减排带给社会的边际效益。只要减排成本低于补贴，企业就会减少污染。而且这将使得整个行业的边际减排成本相等，它是取得成本有效结果的先决条件。收税遵循污染者付费原则，而补贴则假定污染者拥有污染的特权，社会如果要求企业不要污染，就必须为此付费。庇古补贴作为生态系统恢复的一种激励手段有可能是人们所期望的。例如，为农民在河岸一带重新造林而付费，这样就可以减少养分径流，并提供一系列其他生态服务。此外，根据国际法，主权国家有权按照它们自己资源的特点行事。例如，世界上不存在一个全球性政府能够对砍伐森林所产生的负环境成本征税，在这种情况下，类似庇古补贴之类的政策可能就是最好的选择。

庇古税或庇古补贴可以产生福利最大化的结果，即边际社会成本等于边际社会效益，但同样的情形并不适用于个体水平。之所以会如此，就在于一个事实：许多环境成本都是公共物品。每个人都会承担相同数量的环境成本，然而每个人对这些成本都有不同的偏好。一种完美的市场解决方案就是必须把税收在受影响的人群当中进行分配，恰好可以

---

① ［美］赫尔曼·E.戴利、［美］乔舒亚·法利：《生态经济学：原理和应用》（第二版），金志农等译，中国人民大学出版社2014年版，第396页。

补偿他们因环境成本而造成的边际损害。当然，要确定地球上每个人的边际成本曲线是不可能的，而且每个人都有向收集成本信息的监管机构提供错误信息的可能。如果个体因蒙受外部性的损害而得到补偿，那么他们可能就会缺少避免外部性的动机，这同样也会降低效率。因此，我们在寻求政策时应该尽量做到充分利用最大化边际原理，使得所有企业的边际减排成本相等，鼓励企业开发新技术以减少环境成本，并通过让企业按照它们自己有关减排成本的认知采取行动以降低减排成本。总之，理想的政策应该让产生的边际收益等于其引起的边际环境成本，而这些可以通过设计相应的税收、补贴和可交易许可证制度等来实现。

　　另外，在市场配置资源时还得考虑效率问题。经济学家大都认同帕累托效率，即一种配置方式，在这种配置方式下，没有人会因为别人变得更糟糕而使自己变得更好。帕累托效率不允许个人之间进行比较，而且它接受了财富的分配现状，虽然也许这种分配是不平等的，它忽略了财富的边际效用递减以及从重新分配中获得好处的潜力。在标准的经济实践中，当我们把稀缺资源用在产生最大货币价值（通常作为衡量效用的一个指标）的用途时即实现了配置效率。但需要指出的是，由于主要考虑货币价值，配置效率一般都忽略了非市场商品和服务，这也正是一般市场配置的缺陷，而这个缺陷在社会主义市场经济中是可以被克服的。这是因为社会主义市场经济不仅具备一般市场配置资源的效率，它同时更加注重配置过程中的公平，保证诸如生态财富一类的公共物品和服务得到公平配置也是其追求的目标。

　　具体到社会主义市场配置生态财富的问题上，我们必须思考环境保护、政府角色和市场机制三者之间的复杂关系，突破对环保完全由政府负责的传统认知，重新审视市场机制在环保中的作用。环境保护尽管不能完全由市场机制解决，但是却可以在某种程度上弥补政府的不足，在环境保护中起到补充作用。一方面，市场机制可以有效弥补环保资金的短缺，政府可以对环境污染进行收税，这样既可以遏制环境污染，同时还获得了充分的税收来支持环保事业；另一方面，必要市场机制的引入可以减轻政府部门的规模和提高政府部门的效率，将政府事无巨细的环保任务的相当一部分交给市场来处理，政府只负责宏观调控和跨区域跨部门的协调统一，这样既能有效改善环境质量，也能提升政府的作用和效率。

在社会主义市场经济中，政府的作用主要是通过制定和执行规则来维护市场秩序，为市场机制正常发挥作用创造有利的宏观环境和条件，从而促进市场的健康发展。具体而言，在生态财富的配置中，政府应当在明确生态财富所有权归属的基础上，建立以市场调节为导向的生态财富配置机制，使得过度使用生态财富和破坏生态环境者必须进行补偿，从而防止对生态财富短期利用的行为，只有这样才能保证市场在生态财富的配置上发挥应有的作用。例如，市场在配置生态财富时，可以通过合法的买卖进行补偿交易，通过生态补偿、排污权交易、碳交易等途径实现生态财富的转移支付，平衡不同区域和群体间的生态财富配置。

除了政府和市场之外，我们也不能忽视其他能够有效提供生态财富配置的组织、机构或者个人。在生态财富的配置中，要充分调动不同群体的作用，激励多元主体参与到整个社会财富的配置活动中。如此一来，便可以弥补仅有单一主体进行生态财富配置的局限性，让不同的主体优势互补，从而更进一步完善生态财富的配置体系。

综上所述，在生态财富的配置过程中，要建立政府、市场、公众等多元主体参与体系，在保证政府主导地位的基础上，发挥市场在生态财富配置上的重要作用，调动各种主体参与、监督，形成多层次的配置结构。

二、生态补偿制度是社会主义市场配置生态财富的重要实践

目前相关学术研究中在界定有关生态补偿的概念时，许多学者都将其等同于国际上通用的环境服务付费（Payment for Environmental Services，PES）和生物多样性补偿（Biodiversity Offset），前者主要强调对生态服务的经济补偿，后者则更强调对生物多样性和生态环境破坏后的恢复性补偿，这两种类型有着很大的相通性。根据国际环境与发展研究所的研究，世界上目前生态补偿领域主要涉及四大类型：碳贮存交易、

生物多样性保护交易、流域保护交易和景观美化交易①。从现行的生态补偿案例情况来看，政府干预和完全市场交易两种方式都同时存在。按照公众参与的程度，可将全球生态环境服务的付费方式分为三类：公共支付体系、自发组织的私人交易、开放式的贸易体系②。

所谓生态补偿，就是指用计划、立法、市场等手段来解决下游地区对上游地区、开发地区对保护地区、受益地区对受损地区的利益补偿③，它通过调节相关方的利益关系，以弥补生态系统服务生产、消费和价值实现过程中的制度缺位，是一种可持续利用生态系统服务的手段或制度安排④。换句话说，生态补偿的原则是受益方为其使用生态财富造成的外部性付费，而受损方因其承受受益方带来的生态损失获得补偿，要使双方的支付或获补意愿达成一致，就会有一系列的博弈、协商过程。最终，由受益方向受损方提供补偿，以促进代内和谐和代际公平。生态补偿的目的在于让人们意识到开发和利用生态财富要有限度，不能破坏生态系统原本的平衡状态，任何开发、生产、消费生态财富的实践活动都必须坚持生态正义，让生态补偿成为调节生态财富配置失衡的重要手段。

大部分生态保护区（受损方）为了保护生态财富不被破坏，往往会牺牲掉部分经济发展的机会，但对于全社会的总效益来说是利好的，所以有必要通过生态补偿来协调不同地域间的生态财富配置问题，以保证社会公平、和谐。具体来说，实施生态补偿制度有以下几个方面的重要意义：首先，生态补偿通过受益方付费、受损方获补偿，使得生态财富在配置过程中的相关各方利益均衡，这是维护公平的重要体现；其次，生态补偿的实施通常涉及不同区域、不同群体，尤其是贫困弱势群体，

---

① Landell-Mills N, Poras I, *A Global Review of Markets for Forest Environmental Services and Their Impact on the Poor*, London, 2002.

② ［美］巴利·C.菲尔德、［美］玛莎·K.菲尔德：《环境经济学》（第5版），原毅军、陈艳莹译，东北财经大学出版社2010年版，第267页。

③ 刘晓星：《全国政协常委汪纪戎强调尽快完善生态补偿机制》，《中国环境报》2006年3月10日。

④ 中国21世纪议程管理中心编著：《生态补偿的国际比较：模式与机制》，社会科学文献出版社2012年版，第1页。

因此生态补偿在协调各方利益、改善贫富差距方面有着重要作用；最后，生态补偿是治理生态环境问题的重要手段之一，为自然生态系统和社会经济系统的良性可持续发展提供了激励和保证。

要实现生态补偿的目标，首先要明确三个问题：第一，如何界定受益方和受损方，即要明确双方的边界，找出生态系统服务的购买者和生态系统服务的提供者；第二，如何确定受损的程度，即明确补偿的标准，通过对生态财富的价值评估、考量受损成本、支付意愿后，通过双方的博弈最终从价值和成本两个方面趋近于补偿金额；第三，如何补偿，即确定具体的补偿方式，如通过市场公平交易或是政府提供激励和分配限额来实现利益均衡。实现生态补偿的另一个重要条件就是对生态财富及其服务价值进行合理定价，然后通过对生态质量标准进行监督，比如绿化程度、空气质量、水源质量等，只要达到了补偿方的要求，付费方就要按照约定支付相应的补偿金额。生态补偿的具体运行机制可以通过图5.1简明扼要地予以说明：

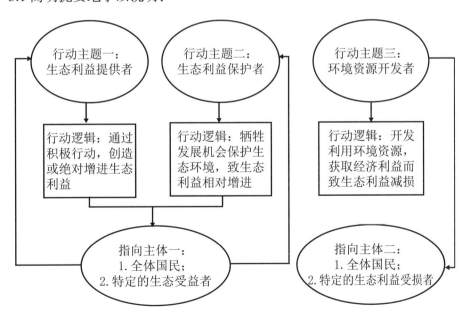

图 5.1 生态补偿关系中各行动主体、行动逻辑及指向主体示意图

资料来源：中华人民共和国国史网。

　　生态补偿虽然是通过市场进行生态财富配置的一种手段，但在社会主义市场条件下，我们尤其要强调政府的作用。大多数生态财富具有公共物品的属性，虽然其所有权属于全体公民，但是在实际对生态财富的管理、开发、利用和分配时，还需要政府代表全体公民来实现。受"搭便车"行为的影响，生态财富不可能仅靠市场力量来进行合理地配置，此时就需要国家和政府来完成。无论是在生态补偿全球合作方面还是在一国国内不同区域协调方面，都需要政府的引导和作用，如代表受益方付费、建立专项资金直接投资、向私人生态系统服务使用者收费、设立生态系统服务限额并组织限额交易、激励相关各方参与生态补偿的实践、实施差别化补偿政策，等等。政府主要关注对国计民生具有重要作用和受益方广泛、产权难以界定、补偿交易成本较高的生态系统服务类型，政府的介入能显著提高生态补偿的运行效率、降低交易成本、保障公平、促进和谐，且政府的监督执行也有力地杜绝了利益相关方的部分渔利行为。

　　政府财政性补偿是目前国际上最为普遍的生态补偿交易方式。由于生态补偿仍然作为国家政府或区域政府的一项政策或制度进行实施，其补偿支付就需要由政府承担下来，以税收或付费的形式收取生态受益区或由于经济发展造成环境污染的地区的相关费用，再通过转移支付的形式把补偿发放到生态受损区或是由于保护环境而牺牲经济发展的地区。此外，中央政府主导型生态补偿是最为常见的补偿形式。严格意义上来说，基本上所有的生态补偿都离不开一国中央政府的支持。对于国际性补偿，如果没有国家政府的合作意愿则不可能开展起来。就目前情况而言，最具有国际性的生态补偿交易都是由国际组织协调并提供补偿方案的，这种生态补偿往往需要各参与国的合作并且认真执行。如联合国发起的清洁发展机制，就是由各国联合签订《京都议定书》确定的实现全球温室气体减排目标的一种灵活补偿机制，它通过赋予一国相应的碳排放额度，允许其买卖而达到全球减排的目标。这样一来，发达国家通过向发展中国家购买温室气体减排量额度来完成自身减排目标，而发展中国家通过出售自己的额度给发达国家来获取报酬，由此通过市场交易来对发展中国家实施生态补偿。

具体到我国的实际情况，2018 年，国家发展改革委、财政部、自然资源部、生态环境部等 9 部门联合印发《建立市场化、多元化生态保护补偿机制行动计划》，提出健全资源开发补偿制度、发展生态产业、完善绿色标识、建立绿色利益分享机制等 9 个方面的重点任务。在具体实施过程中，对于全国性的生态补偿，其补偿款一般由中央政府支付；而区域内实施的生态补偿，则由区域政府承担。我国实施的几个大型的生态补偿工程，如退耕还林、"三北"防护林以及生态移民等都属此类。这样做的好处在于，由于财政性生态补偿过程完全由政府控制，所以不会产生补偿利益双方的矛盾和补偿障碍。此外，对于国内生态补偿，国家政府则要充当政策制定者与执行监督者的双重角色。无论是区域间补偿还是私人个体补偿，都需要中央政府在宏观上提供一个补偿交易的框架和标准，而对于跨区域以及纯公益性质的生态补偿，则需要中央政府提供财政支持或直接实施补偿。

总之，生态补偿虽然是通过市场交易来完成的，但是因为生态财富具有公共性和外部性的特征，必须由政府出面协调受益者和受损者之间的利益分配，以弥补市场在资源配置功能上的失灵，杜绝"搭便车"和"公地悲剧"现象的发生。所以，我们也可以将生态补偿看作是一种公共制度，在政府和市场的共同作用下，实现生态财富的最优配置。

三、碳交易制度是实现全球生态财富配置的重要手段

碳交易（也称碳排放权交易、碳排放交易）是政府为完成控排目标[1]而采用的一种政策手段，指在一定空间和时间内，将该控排目标转化为碳排放配额并分配给下级政府和企业，通过允许政府和企业交易其排放配额，最终以相对较低的成本实现控排目标。碳交易的基本单位是每吨二氧化碳当量（tCO_{2e}），交易商品只有经过第三方核定之后才能进入碳交易市场进行交易。

随着大量温室气体排放导致全球气候变暖，不仅对人类生存和持

---

① 戴彦德等：《碳交易制度研究》，中国发展出版社 2014 年版，第 31 页。

续发展构成了严峻挑战，碳排放空间也日益成为稀缺的生产要素。为推动以较低成本实现控制温室气体排放的目标，碳交易逐渐成为各国政府考虑采取的重要政策手段，因为开展碳交易有利于在既定的碳排放空间约束下取得更大的经济社会效益。在此背景下，《京都议定书》规定了相关国家的碳排放控制目标，提出了碳交易制度框架安排，从此碳交易市场逐步在包括我国在内的全球经济大国中建立起来。由于各国之间经济水平、产业结构、技术水平各不相同，导致各国减排成本存在较大差异，所以各国被给予的碳排放额度也不尽相同。《京都议定书》同时规定了排放交易、联合履约和清洁发展机制三种灵活机制，允许国家之间通过交易降低总减排成本，推动碳排放空间的经济价值得到最大利用。在以《京都议定书》为制度模型的基础上，全球碳交易市场迅速规模化发展，一个确立了多层次目标和多种机制共存且相互连接的碳交易制度在全球得以蓬勃发展。

碳交易市场参与方多样，发达国家、转型国家和发展中国家的清洁发展机制项目开发商、减排成本较低的企业实体、国际金融组织、碳基金、各大银行等金融机构、咨询机构、技术开发转让商等都是市场的供给方，市场主要买家包括国际基金、政府基金、通过商业和发展银行进行交易的买家、通过多边组织进行交易的买家、通过签订双边交易备忘录的买家等等。碳市场的强制履约需求者为减排成本较高的企业实体，自愿减排买家则为国际非政府组织、政府、企业和个人。

从市场结构来看，国际碳交易市场可以分为强制减排交易市场和自愿减排交易市场。强制减排交易市场分成两大类：一是基于配额的交易，买家在总量限额的体制下购买由管理者制定、分配的减排配额；二是基于项目的交易，买家向经证实的减少温室气体排放的项目购买减排额。自愿减排交易是出于诸如企业社会责任、品牌建设、未来经济效益等目标而自愿进行碳排放交易的市场。碳交易实质上是政府为降低成本实现控排目标而创造出的市场，是一项结合行政手段和市场手段的混合政策，是由政府主导的对既定碳排放空间进行合理利用从而实现更大经济效益的过程。

自英国 2002 年建立世界上第一个企业间的碳交易体系以来，2005年欧盟建立了世界上首个跨国间的碳交易体系——欧盟排放交易体系，此后美国、澳大利亚、日本等发达国家内部的区域碳交易体系也迅速发展起来。其中，澳大利亚先实施碳定价、后推动碳交易的做法成为重要的先锋，日本则在东京建立起全球第一个为商业行业设定控排目标的总量控制与交易体系。我国也于 2011 年正式启动了包括北京、天津、上海、重庆、广东、湖北、深圳 7 个省市在内的国家碳交易试点建设。从碳交易实施至今，全球碳交易市场的交易量和交易金额迅猛增长，碳交易的产生使得碳排放权的价值得以体现，并带动了碳交易市场更快地发展。

全球碳排放的容量空间是有限的，因此它具有稀缺性，也是一种重要的生态财富，具有生态财富的特征。

首先，碳排放空间具有一般公共物品的特征，即非竞争性和非排他性。一方面，个人向大气中排放二氧化碳、占用全球碳排放容量空间并不影响其他人同时向大气中排放二氧化碳并占用碳排放容量空间；另一方面，个人在占用全球碳排放容量空间的同时，并不能阻止其他人占用这一空间。因此，碳排放容量空间是典型的公共物品，它为全人类所共有，任何个体都只能使用这一容量空间，但是却没有个体能拥有对其的所有权。因此，要注意的是，碳排放交易的不是对二氧化碳排放容量空间的所有权，而是对碳排放容量空间的使用权。

其次，碳排放行为具有外部不经济性。企业和个人在排放二氧化碳、占用碳排放容量空间的同时未付出相应成本，但却因此受益，这种外部不经济性的存在将导致碳排放容量空间的过量、无效率的使用。因此，只有政府能够代表公共利益行使对碳排放空间的管理和配置权力，从而限制个人或企业的外部不经济行为，通过严格管控碳排放的额度，实现对这一稀缺生态财富的合理配置和利用。

最后，根据马克思主义政治经济学理论，价值是无差别的一般人类劳动的凝结，商品是使用价值和价值的统一。作为公共物品，碳排放空间一般只具有使用价值而不具有价值，因此碳排放空间在通常情况下不是商品。但是，碳交易制度的创新对碳排放空间通过劳动赋予了价值，使其在某些特定条件下成为商品而被交易。政府作为公共利益的代表强制性把碳排放权分解到各层主体，赋予碳排放空间这一生态财富以经济价值，使得碳排放空间这一公共品能够在市场上进行交易，通过市场优化配置资源来推动既定数量的碳排放权产生最大的经济效益。

碳交易制度本质上是一种"政府创造，市场运作"的制度。由于碳排放空间的公共品属性，企业对碳排放权的需求不是自发产生的，而是政府将外部性问题内部化后产生的。在碳交易市场内，政府通过创造出"碳排放权"这一虚拟商品，并强制要求所有排放主体必须取得与其排放量相一致的碳排放权，从而创造出碳排放权的需求，并允许排放主体等进行碳排放权的交易，最终形成碳交易市场。因此，碳交易市场是政府为解决碳排放问题而人为创造出来的市场。碳交易市场在相应的制度安排下自然生成，并按照市场规律运作。所以说，碳交易制度是由政府创造的制度，但结合了市场化的运作成分。碳交易制度是由政府主导的制度，因此其制度框架、市场体系是根据政府设计的总体目标进行的。除此之外，政府在碳交易市场中扮演的角色是多重的，除了主导者之外，它还是管理者和监督者，在一定情况下也可以作为交易者而直接参与交易。

总之，低碳发展是气候变化背景下全球经济发展的必然选择，作为实现低碳发展的先锋军，碳交易将改变全球竞争格局和产业发展布局。碳交易借助市场的优化配置作用，进一步促进低耗能、低排放产业拥有更强的竞争力，使得绿色生态产业更具有市场需求。不仅如此，碳交易的出现，使得人类首次将碳排放空间这一生态财富作为一种可交易商品纳入市场体系，这是现代市场经济制度的重大创新，也是与人类社会的进步及生产力发展相适应的。碳交易使得我们能借助这一途径转变经济发展方式，调整产业结构，同时带来有利于生态环境保护的协同效应。碳交易制度还有利于推动形成新的绿色经济增长点，有利于促进节能环保产业、新能源产业等战略性新兴产业的快速发展，有利于推动高耗能行业的低碳转型和技术创新，有利于带动碳金融、碳审计、碳咨询等新兴服务业的发展，有利于促进全社会向节能低碳领域进行投资。另外，低碳发展是构建国际经济政治新秩序的道义制高点，碳交易是展示国家形象的新标签。对于我国来说，积极参与国际新秩序构建，有利于提升国家形象和国际地位。具体而言，借助碳交易这一重要渠道，积极参与和影响碳交易国际规则的制定，有利于提升我国未来在行业标准、技术标准制定中的话语权。

四、排污权交易是实现生态财富市场配置的有效途径

所谓排污权是指在一定区域的允许排污总量在环境容量决定的前提下，排污单位按照排污许可所取得的排污指标向环境排放污染物的权利。在此基础上，排污权交易的内涵就可被定义为：排污权交易是初始排污权在排污单位之间的分配（政府主导的排污权一级交易）、排污权在排污单位及其他主体之间的再分配（市场主导的排污权二级交易）的总称[①]。

排污权理论最早由美国经济学家戴尔斯提出并发展而来，现在许多国家通过规定排污水平和排污权交易来实现减排的目的，为生态财富的配置找到了一个较好的途径。生态环境对排放污染物的承载能力是其所具有的生态系统服务功能之一，但这个功能也具有一定的阈值范围，因此具有稀缺性。从经济学意义上来看，排污权是由产权的概念延伸而来。产权不仅仅是指对财产的所有权，还包括对财产的使用权、用益权、决策权和让渡权，也就是说，产权是一组权力束，它除了排他性、可交易性等属性外，还具有可分解性。把产权的概念运用到生态财富的配置中，就能进一步明确生态环境的排放空间具有重要的经济价值，从而使得人们在利用排放空间时更加节制，让过度使用生态环境排放空间者向节约利用生态环境排放空间者购买排放权限，就能使整个社会的排污水平受到控制，实现生态环境排放空间这一稀有生态财富在全社会的合理配置。

从实际操作上来看，排污权交易就是在确定某一具体区域的生态环

---

① 沈满洪等：《排污权交易机制研究》，中国环境科学出版社 2009 年版，第 5 页。

境容量和排污控制总量后，政府将其变成排污许可指标初次分配给合法的排污单位。各排污单位又可根据自己排污的具体情况，在具有不同边际污染治理成本的排污单位之间进行交易，而政府也可以参与到交易中，通过买进或卖出排污权来调控排污许可指标的实际使用数量。通过排污权交易，不仅能有效地将排污总量进行控制，而且还能以最低的成本实现有限生态环境排放空间的最优配置。现引入两图说明排污权交易的具体流程（见图5.2、图5.3）。

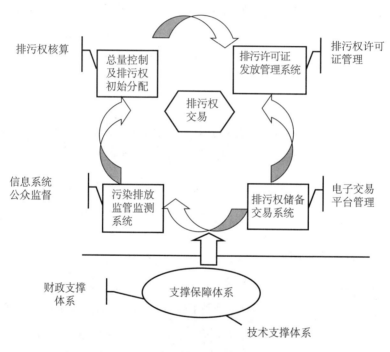

图 5.2　排污权交易框架示意图

资料来源：湖南统计信息网。

　　排污权交易机制充分发挥了市场的作用，有效地让包括政府在内的各经济主体共同参与到以生态保护为前提的生态财富配置中。在排污权交易过程中，治理污染成本相对较高的一方向治理成本较低的一方购买排放指标，从而对治理污染成效较好的一方进行经济补偿，最终实现整个社会污染治理成本的最小化，以及生态财富的最优配置。排污权交易虽然是通过市场行为实施的，但是政府在其中的作用也不可忽视。首先，政府要确定和控制排污总量；其次，政府要合理进行排污指标的初次分配；最后，政府还要加强对排污单位和排污权交易市场的监管。这样一来，政府通过市场的配置作用实现了排污权的合理利用，也大大减少了政府监管企业排污的成本，同时政府还能通过自身参与买卖排污权来及时调控生态保护中出现的问题。例如，当生态环境质量较差时，政府可以买进排污权以控制厂商的排放量；当生态环境质量好转时，政府又可以卖出排污权。通过市场交易政府能对生态环境的质量进行微调，从而兼顾生态效益和经济效益。

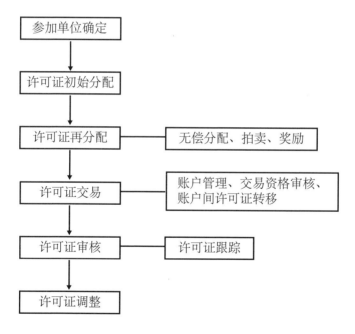

图 5.3　排污权交易流程图 ①

资料来源：中国新闻网。

---

① 碳交易网，2014 年 9 月 19 日，见 http://www.tanpaifang.com/paiwuquanjiaoyi/2014/09/1938231.html。

排污权具有稀缺性，它通过市场机制进行交易，一方面能够确保生态环境的可持续性，另一方面有利于努力实现生态环境容量资源配置绩效的最大化。排污权交易为企业、政府、个人等参与主体提供了良好的交易平台，而排污权的价格与产量是由排污权的供给和需求因素决定的，因此它离不开市场机制和价格机制的作用。然而，一旦市场均衡与均衡的价格及产量产生偏差，排污权市场就会发生失灵现象，需要政府干预。因此，政府在整个交易机制中，有着不可替代的重要作用。政府应该加强排污权交易制度的创新，并大力推进区域内排污交易的实践；在排污权初始分配时，政府应该着重考虑"公平、公开、公正"原则，尽量考虑各方利益；在进行排污权交易时，为了不浪费排污指标，政府应牵头分享信息，让企业之间互通有无，最终达到指标的最优配置。

排污权交易机制不仅能够实现生态环境排放空间的合理配置，还能有效地激励企业不断进行科技创新，从而减少污染物的排放，达到改善生态环境的作用。这是因为，对于采用先进绿色环保科技进行生产的企业来说，它不仅能获得较高的经济效益，而且由于其污染物排放较少，边际治理成本低，因此只用购买少量排污权就可以实现企业的盈利；而对于那些一直停留在传统技术的落后企业，由于其生产过程中排污量大，不得不大量购买排污权，从而增加生产的成本，以至于无法和新兴绿色生态企业在市场上竞争，自然会被市场淘汰。所以，排污权交易能够激发企业进行技术改造和升级，有利于促进经济发展方式的绿色转型，从而优化产业结构。这样一来，通过对生态环境排放空间这一生态财富的配置，还能起到引领经济社会朝绿色生态方向发展的作用。

同样要强调的是，在社会主义市场条件下的排污权交易有着其自身的特点。

首先，一切排污权交易活动都是由国家和政府领导的，政府是初始排污权的供给者和收益处置者、排污权交易的制度供给者、环境监测监管者、排污权交易纠纷仲裁者。由于排污权交易是以生态环境排放空间的产权得到界定作为前提的，产权是否明晰直接关系到排污权预期收益的稳定性以及收益的分配问题。我国和世界上大多数国家一样，将生态环境排放空间界定为国家所有，这样国家就能在拥有排污权这一生态财富所有权的基础上，将其使用权分配给企业或厂商，从而实现生态环境排放空间的合理配置。

其次，排污权交易体现了政府生态治理中的分权。分权（decentralized）政策实际上就是政府要求污染者自己解决污染问题，这样做的好处在于：一方面可以激发当事双方寻求环境问题解决的意愿，因为在分权情况下，双方都有解决环境负外部性的责任；另一方面也许可以找到解决污染问题更有效的方案，因为当事人双方可能掌握着丰富的环境损害及治理成本的信息，就有可能找到问题的平衡点。这样做的真正目的在于提醒那些潜在的污染者要三思而后行，即让他们知道自己需要对环境损害负责，将被忽略的外部效应有效地内部化。通过权衡相应的赔偿额度及治理成本，污染者会将其排污量控制在有效水平。从理论上讲，双方通过协商可以使排污率达到有效水平，但是在实际的交易过程中，特别是在涉及公共物品的环境质量时，我们不能忽略交易成本。如果我们仅仅只是简单地考虑将所有权授予个人的话，在较大、较复杂的环境恶化情况中，存在着大量的"搭便车"问题，极高的交易成本会极大地降低利用产权私有化方法确定有效排污水平的可能性。

最后，在分配排污权时，除了无偿分配无法给政府带来这一生态财富的相应收益，其他分配方式，如定价出售、市场竞拍等都将为政府带来相关的排污权收益。

第三节　国际协作配置生态财富

一、生态剥削导致国际生态财富配置不平衡

冷战结束以后，发达资本主义国家凭借自己的经济优势，利用发展中国家的经济困难，转嫁生态危机，破坏他国的生态环境。它们通过"生态殖民主义"或"生态帝国主义"方式对发展中国家实施生态侵略和生态掠夺，建立自己的生态霸权，破坏全球生态财富配置的平衡和国际生

态环境秩序。事实上，环境破坏性产业的转移对经济规模的影响是很负面的。例如，当澳大利亚的热带雨林被列为世界自然遗产后，该地区管理得当的采伐作业也被关闭了，但澳大利亚木材消耗总量并没有减少。相反，澳大利亚使用的木材是来自那些采用更为糟糕的伐木方式的国家，以替代本国热带木材的供应，最终引发的可能是更大的全球性的生态财富损失。西方发达资本主义国家如今把触角越来越精细和巧妙地伸进全球各个角落，它们一步步把各种生态环境问题引向所谓的"气候政治"，一厢情愿地希望继续借助其来形成对自己有利的新国际框架，继续维护自己的既得利益。实际上，当代西方发达国家的骨子里依然是以渴望权力和征服为目的的西方文明和对抗性思维方式来主导世界的格局。

所谓生态殖民主义，就是指发达国家依靠其先进的科技、经济、军事实力，在不对别国实行军事占领的情况下，同样对别国资源进行掠夺的一种新殖民主义①。生态殖民主义主要是通过政治、经济的方式侵蚀发展中国家的生态环境意识：在政治上采取环境外交，以保护生态环境为借口，干涉他国内政；在经济上利用发展中国家在经济增长与环境保护上的两难困境，凭借资金和技术上的优势，将危险的工业转移到发展中国家，以这种方式达到其剥削的目的，掠夺他国的生态财富。生态殖民主义是殖民主义在当代国际社会中的翻版，它通过国际贸易实现生态污染规避。发达国家抓住发展中国家依靠自然资源和廉价劳动力发展经济的弱点，把不符合本国环保标准的污染产业转移到发展中国家，通过低价购买当地原材料和雇用当地劳动力，把以低成本生产出的产品再高价卖出，使其自身获得高额利润，却把污染留在了当地，从而间接对发展中国家的生态财富进行掠夺，更加恶化了发展中国家的生态环境。而且，有的发达国家甚至直接将生产生活垃圾和废弃物运送到发展中国家，实现生态污染的异地转移。此外，发达资本主义国家还对发展中国家实施绿色壁垒政策，即以保护环境、资源和人类健康为名，蓄意制定远远高出发展中国家经济技术发展水平的严苛的环境标准，企图限制来自发

---

① 靳利华：《生态与当代国际政治》，南开大学出版社 2014 年版，第 237 页。

展中国家企业的发展，让它们永远做自己发展的供给者和垃圾的接收者。

　　除了生态殖民主义，生态帝国主义也是导致国际生态财富配置不平衡的重要原因。生态帝国主义的特征是剥削新的土地和资源，利用其巨大的生产潜力获得高额的利润，从而将生态危机向全球扩展。从一定程度上来说，生态财富的数量和质量与一个国家的贫穷或富裕息息相关，而西方发达资本主义国家正是采用掠夺的方式占用发展中国家的生态财富，从而扰乱了全球生态财富的合理配置，形成生态帝国主义。由此，我们可以将发达国家把高污染、高消耗、劳动密集型的企业转移到发展中国家的生态危机转嫁行为称为"生态帝国主义"①，而且它们一般采取掠夺的方式，或是直接掠夺，或是间接掠夺。直接掠夺就是指发达国家将对生态环境破坏巨大的企业建立到发展中国家去，甚至把垃圾场建在这些国家，直接掠夺它们的生态财富（包括土地、优良的空气、干净的水源等）。间接掠夺就是指西方发达资本主义国家通过制定各种维护本国上层资产阶级政治、经济、文化的政策，迫使本国的大量土地私有化并进入资本市场，这样一来，在当今全球市场开放的情况下，发展中国家农业受到发达国家农产品的巨大冲击，为了保住自己在经济全球化进程中的一席之地，不得不过度耕作，为降低农产品成本而对有限的生态财富进行掠夺性开发。所以，生态学马克思主义者认为，发达国家对发展中国家生态财富的掠夺是一种新的"生态罪"，是资本主义唯利是图、不计后果的本性在新形势下的反映②。

　　即使全球化并没有让环境标准较高的国家降低其标准，但国际贸易会使其更容易忽略经济增长的成本。近几十年来，大部分发达国家发现它们的环境在恶化，于是就通过法律来控制某些类型的污染和资源消耗，在某种程度上，促进了更高的效率，减少了污染产品的消费，提高了污染控制技术，但在很多情况下，这也导致污染和资源开采业落脚于没有这类法律的国家。发达国家的环境改善是以牺牲发展中国家的环境为代价的。由于

---

① 靳利华：《生态与当代国际政治》，南开大学出版社 2014 年版，第 239 页。
② ［英］戴维·佩珀：《生态社会主义：从深生态学到社会正义》，刘颖译，山东大学出版社 2005 年版，第 91 页。

经济增长和环境破坏的空间关系被割断了，许多人似乎相信两者的因果关系也被割断了。的确，许多经济学家声称，正是因为经济增长，发达国家的环境才得以改善。当今国际社会的话语权往往掌握在西方发达资本主义国家手中，它们用自己权威的方式对生态财富进行配置，而发展中国家由于缺乏同发达国家公平交换或是讨价还价的能力，因此在全球生态财富配置中往往处于弱势地位，只能寄希望于建立一种新的国际生态财富配置体系来保证它们公平享受生态财富和公平参与生态财富分配的权利。

此外，西方发达资本主义国家为了获得本国所需的生态财富，还变相利用国际组织和机构来掠夺发展中国家的生态财富，对发展中国家的能源、生物物种、森林、水域等生态财富实行变相的占有与控制。近30年来，一些发达国家以亚马孙河流域是全人类的财富为借口，干预亚马孙河流域各所属主权国家的内政，提出将其作为世界公共财富进行国际共管，无不表现出西方发达国家对发展中国家生态财富的霸道姿态。除此之外，西方发达国家还利用自己的经济权力控制国际生态市场交易规则，损害发展中国家的生态权益。例如，西方发达国家坚持把新兴的发展中大国拉入减排行列，没有体现"区别责任"和公平原则。很多发展中国家由于经济发展相对滞后，历史上并没有排放多少温室气体，因此占用的排放空间并不多；反而是发达国家在工业化进程中大量排放废气，从而占用了大量排放空间，牺牲了发展中国家未来发展的公平机会。

西方发达国家不仅在政治上在国际社会中占据主导地位，而且在全球生态环境的话语权上也占据优势，这不仅是因为西方发达国家相对于发展中国家拥有技术力量的优势，更主要是因为它们具有生态霸权上的优势。西方发达国家的霸权扩张不仅仅体现在政治、经济领域，它更体现在全球生态系统领域，即发达国家对发展中国家的生态系统的侵蚀和破坏。

二、生态财富的合理配置需要国际协作

许多研究并从事全球环境政治实践的学者、外交家、政策专家都寄希望于通过国际制度和国际协作来解决生态财富的配置问题。他们认为，由于生态财富具有全球性和公共性的特征，因此无法简单地用国界来限

制空气污染和气候变化，只能通过国际协作来解决，"只有当那些变得愤怒的理想主义者政治性地行动起来，试图改变旧的制度并鼓励创建新的制度时，才能拯救环境：只有借助政治行动，才能拯救环境"①。政治经济学包含了不限于经济关系的更多内容，还涉及权力影响经济的方法以及经济是如何反过来决定权力实施的。生态难题被视为历史地形成的社会过程，特别是生产和消费的结果，一直并将继续由现存的政治和经济制度所构建，比如国家和资本主义以及存在于它们之中和它们之间的权力关系。但与此同时，这些存在于全球政治经济中的过程也在国家间和国家内部发生，正在进行中的地方化的过程也是全球政治经济和社会关系的一部分。总之，想要实现全球生态财富的合理配置，仅仅依靠一个国家是无法单独完成的，必须有国际协作的参与。

随着生态环境问题的增加和全球生态危机的发生，生态因素的关联性、系统性使合作的相互依赖进一步加深，国际合作的领域中开始受到生态因素的影响，出现生态政治问题、生态经济问题、生态教育问题、生态文化问题、生态科技问题等等，使原有国际合作领域突破了单一性而变得错综复杂。我们应该始终清楚地了解我们自身在环境整体中的位置、我们所处的环境与其他部分和环境整体的关系。至关重要的是，我们应了解国际经济力量和国际政治过程在我们生活、居住地域的具体表现。同样重要的是，我们要建立地域内部和不同地域间的联盟，即国际协作，而这些联盟是用来解决那些全球性生态问题的。

国际生态合作是国际合作的一个新领域，是指国际行为体之间基于相互利益的基本一致或部分一致而在生态领域进行的政策协调行为②。全球性的生态问题本身就是政治经济问题，例如，《京都议定书》本身就不是一个单纯的环境协议，而是同国际政治、经济、外交利益以及国家安全等重大问题紧密结合在一起的复杂的综合性问题。传统的国际合

---

① ［美］罗尼·利普舒茨：《全球环境政治：权力、观点和实践》，郭志俊、蔺雪春译，山东大学出版社2012年版，第3页。
② 靳利华：《生态与当代国际政治》，南开大学出版社2014年版，第212页。

作往往会因为各国利益矛盾而不能长久和持续，然而由于生态环境问题具有持久性的特点，这就要求生态国际合作必须长期稳定地进行，这是不以人的意志为转移的。

国家社会是唯一可以应对跨国生态难题的实体，因为它们是最具权威性的政治机构，一个国家中地区性活动的污染对邻国的区域性影响必须通过国际的方式才能解决，否则的话就会侵犯每一个国家的独立主权。人类社会是以社会制度为基础的，国际体制是一个在分析国际政治时常见的术语，也是一种社会制度，往往在国家间建立，但有时也会在其他背景与语境下创建。在生态环境方面，国际生态体制已经不是什么新鲜事物，如《联合国气候变化框架公约》《巴塞尔公约》等，都旨在促进自然与资源的生产、分配、消费和保护。这些国际生态体制是在国家之间达成的协议，除此之外，其他类型的全球生态体制也在创立之中，而参与其中的角色并不仅仅是国家，还包括一些国际环境保护的非政府组织（NGO）等。

也就是说，在生态财富的国际配置中，我们还需要其他组织的自愿行为，即指个人（包括企业）在没有任何正式的法律义务要求的情况下自愿进行生态环境保护的行为①。有人可能会认为，在这个市场驱动的充满竞争的世界中，自愿的生态保护行为将是罕见的，但事实并非如此。在生态治理及生态财富分配过程中，由于多种社会力量，如道义劝告、非正式社团的压力等原因，自愿约束行为在某种程度上也能很好地实施。例如，废物回收再利用系统主要依靠居民的自愿行为，其成功与否取决于公民的道德水平，而事实上在大多数欧洲国家这一系统运转得相当成功。再例如，我们经常看到一些环保组织对污染者或是企业施压，要求其放弃某些污染严重的项目或是削减排污行为，虽然这些行为有时候并不具有法律的强制性作用，但是企业往往会考虑这些非正式团体的要求，因为它们不得不顾虑自己声誉的损害、遭到联合抵制而造成的市场的损

---

① ［美］巴利·C.菲尔德、［美］玛莎·K.菲尔德：《环境经济学》（第5版），原毅军、陈艳莹译，东北财经大学出版社2010年版，第182页。

失,等等。因此,想要实现全球生态财富的合理配置,除了国家间的协作,我们同样需要其他社会团体的参与,从多层次、多角度共同协作以实现生态财富在国际社会的公平有效配置。

案例二:生态文明贵阳国际论坛

生态文明贵阳国际论坛是经中央批准、中国首家以公益性基金会为支撑和运作、非官方国家级、国际性高端峰会,是一个以绿色经济、生态安全、"两型社会"(指资源节约型和环境友好型的社会形态)、文明互视和社会责任为核心主题的论坛。论坛最早始于 2009 年,截至2020 年,已成功举办了 10 届,汇集了政府、商界、学界、媒体等不同领域的人士开展交流与合作。历届会议都以生态文明建设为主旨,以绿色发展为主线,讨论了绿色变革、城市低碳转型、全球气候变化、生态城市规划、金融引领绿色生产力等社会焦点、热点、难点议题。

回顾生态文明贵阳国际论坛的发展历程,可以看到其作为一个以关注生态文明为核心的平台创造了大量富有成效和影响力的成果。从 2009到 2018 年,论坛分别以"发展绿色经济——我们共同的责任""绿色发展——我们在行动""通向生态文明的绿色变革——机遇和挑战""全球变局下的绿色转型和包容性增长""建设生态文明:绿色变革与转型——绿色产业、绿色城镇、绿色消费引领可持续发展""改革驱动,全球携手,走向生态文明新时代——政府、企业、公众:绿色发展的制度架构和路径选择""走向生态文明新时代——新议程、新常态、新行动""走向生态文明新时代:绿色发展　知行合一""走向生态文明新时代:共享绿色红利""走向生态文明新时代:生态优先　绿色发展"为主题,讨论了绿色发展、和谐社会和包容性发展、生态环境治理、生态文化和价值取向等议题。

在 2015 年的论坛上,专门举办了自然资本论坛电视高峰会——"投资绿水青山　创造金山银山",以探讨投资自然资本,实现 GDP 与自然资本(NC)双增长。与会嘉宾围绕自然资本投资的方法(生态足迹、自然资产负债表等)、如何建立投资自然资本的体系及需要的政策条件、如何促进环境与经济协同双增长等话题进行充分阐述,论道如何科学投资自然资本，投资绿水青山，创造金山银山，把"生态之美化作百姓之富"。由此可见，如今把生态看作财富，把其作为一个新的经济增长点进行投资，以实现生态效益和经济效益的双丰收已经成为全球开始关注的新热点，是实现绿色发展的必由之路。

2018 年 7 月 7 日，生态文明贵阳国际论坛 2018 年年会在贵州省贵阳市开幕，国家主席习近平向论坛年会致贺信。习近平指出，生态文明建设关乎人类未来，建设绿色家园是各国人民的共同梦想。国际社会需要加强合作、共同努力，构建尊崇自然、绿色发展的生态体系，推动实现全球可持续发展。习近平强调，中国高度重视生态环境保护，秉持"绿水青山就是金山银山"的理念，倡导人与自然和谐共生，坚持走绿色发展和可持续发展之路。我们愿同国际社会一道，全面落实 2030 年可持续发展议程，共同建设一个清洁美丽的世界。[①]

三、构建国际生态财富配置的新秩序

如果我们生活在一个资源无限的星球上，一个人的消费不会影响其他人，人性不会让我们通过与其他人比较的方式来衡量自己的财富，那么富国发生的事情就不会对穷国产生任何影响。然而，我们生活在一个资源有限的地球上，富国收入的增加是通过大量生态财富的消耗得以实现的，这意味着贫穷落后的国家未来无法获得足够的生态财富来增进福利。国际社会中发达国家的生态霸权加剧了全球生态环境问题恶化，发展中国家处于全球生态环境权力格局中的弱势地位。要实现对全球生态财富的合理配置，保护人类的生存发展环境，必须建立一个平等、民主、协商和统一有序的新生态环境。虽然目前多边国际环境合作取得了很大进步，但是很多国际生态环境领域的法规大多是软性的，对各国只有道义上的约束而没有强制执行力，现行的国际机制是极其不健全的，因此推动建立公正合理的国际政治经济新秩序已成为摆在世界各国人民面前

---

① 《习近平向生态文明贵阳国际论坛 2018 年年会致贺信》，2018 年 7 月 7 日，见 http://www.efglobal.org/efglobalxijinping。

的一个紧迫任务。

德国社会学家乌尔里希·贝克在《风险社会》一书中说道："极端的国际不平等和世界市场的相互联系使边缘国家的穷邻居来到了富裕工业中心的门槛外。他们成为国际污染的温床，就像狭窄的中世纪城市中穷人的传染病一样，是不会绕过那些世界社区的富裕邻居的。"[1] 即使一些富裕国家声称其愿意牺牲自己的部分财富来援助贫穷国家，或是投资帮助其建立工厂等，其实质都是为了通过控制发展中国家的经济命脉来进一步掠夺其生态财富。因此，我们都应该意识到，作为资本主义国家的美国、日本、欧洲共同体等国家和地区，它们如果不从根本上改变其性质，就不能以认真而持久的方式做到这一点。生态学马克思主义的分析揭示了出现这种情况的原因，同时，它也主张一种走向激进选择性的经济和社会安排的变革，即彻底颠覆资本主义，建立生态社会主义社会。生态财富的配置需要国际社会的正义，只有这样才能让生态财富为全人类的发展作出贡献，才能让全球在和谐中可持续发展。

国际政治经济旧秩序在发达国家与发展中国家的生态环境与生态权益之间筑起一道壁垒，导致生态环境问题在解决中产生"零和博弈"。事实表明，"全球性问题无法单独由一个国家来解决，而只能由许多齐心协力的国家来共同解决"[2]。面对日益严峻的生态环境问题，发展中国家是力不从心的，发达国家应该伸出援助之手，通过国际协作把已有的先进科学技术和资金用于帮助发展中国家治理生态问题，而这有赖于改变现有的国际政治经济旧秩序，改变发达国家利用发展中国家变相进行生态财富掠夺的政策。

若要构建全球生态环境新秩序，首先应该建立一个强有力的、有效的全球生态制度，即世界上所有主权国家共同维护生态环境意识的准则与规范。全球生态制度应具有普遍约束力，并被所有国家所接受。这种

---

① ［德］乌尔里希·贝克：《风险社会》，何博闻译，译林出版社 2004 年版，第 49 页。
② ［美］肯尼思·沃尔兹：《国际政治理论》，胡少华、王红缨译，中国人民公安大学出版社 1992 年版，第 254 页。

制度需要一定的国际生态机构给予保障，能够发挥相应的国际环境法律功能。其次，要消除国与国之间在生态环境问题上存在的不公正、不平等现象，全球生态环境秩序是需要所有国家共同维护的，因此每个国家主体不论贫富、大小、强弱，都应该具有平等的生存权。最后，发达国家必须对生态环境保护负有较多的责任。目前存在的大多数生态污染都是历史上发达国家由于工业化造成的，因此它们应该对自己造成的后果承担应有的责任，再加上发达国家已经拥有保护生态环境所必需的大量资金和先进技术，所以更应该在全球生态保护问题上多出力。

构建全球生态财富配置的路径主要有以下几条：第一，需要建立一个全球性的生态环境治理及仲裁机构给予保障。国际生态环境治理机构是一个非政府性质的全球性环境保护部门，它能够协调世界各国在生态环境领域的活动与行为，对全球生态财富配置问题的解决提出一些指导性建议和对策，整合世界各国的生态环境保护行动，有效解决国家间的生态环境争端，实现对全球生态环境的有利监督与有效管理，促进全球生态系统的良性发展。第二，注重外交沟通。为解决国际生态环境的争端，避免国际政治冲突，需要各国加强信息沟通，共享生态环境信息，而外交则是一个不容忽视的领域。外交领域能够发挥有效的沟通功能，它能够通过谈判、征询、调和、调停等手段，以系统的科学的方式消除在生态环境问题方面（包括国际环境条约的制定、共享性自然资源的利用、国际生态环境的权利与义务等）的认识和价值差异等障碍，寻求合理有效的解决途径。在生态冲突中外交领域的沟通能减少可能的或不必要的伤害，促进双方的交流与合作，维护全球生态秩序的稳定和国际生态环境安全。第三，实施经济技术援助和资金支持。国际社会应该成立各种基金会和支援机构，帮助解决发展中国家生态环境问题中所需要的费用和技术。这时，就需要发达国家主动承担改善全球生态环境的义务和责任，通过资金、技术等渠道帮助发展中国家解决环境污染问题，通过国际补偿等手段实现生态财富在全球范围内的合理配置。

综上所述，全球生态财富的配置需要多元化的参与主体，各国政府、各种国际组织、非政府环境保护组织等都可以在生态财富配置和生态治理中发挥自身作用。除了参与主体的多元化，国际合作的层级和领域也应该多元化，使得全球生态财富配置得以在主权国家之间、跨国层次之间、宏观和微观之间、非正式和正式制度之间等多维度展开，因为它们在功能、权力来源和能力等各方面都有自己的特点，能形成互补的优势。只有加强国际生态合作、消除国际生态剥削，才能解决全球性的生态财富配置问题。目前来看，国家在以博弈方式推进全球生态财富配置的进程，也在不断修正、完善国际机制法规。在维护国家生态权益的基础上，世界各国进行着激烈的利益争夺，同时也在作出一些让步，在不断地协调着彼此的利益矛盾。建立公正合理的国际政治经济新秩序能够在一定程度上约束生态殖民主义和生态帝国主义行为，实现生态财富的合理配置，从而帮助发展中国家消除贫困，从根本上解决全球生态环境问题。

面对生态环境挑战，人类是一荣俱荣、一损俱损的命运共同体，没有哪个国家能独善其身。"保护生态环境，应对气候变化，维护能源资源安全，是全球面临的共同挑战"[①]，需要世界各国同舟共济、共同努力。新中国成立70多年来，已成为全球生态文明建设的重要参与者、贡献者、引领者。中国秉承共商、共建、共享的理念，积极参与全球环境治理，积极履行责任与义务，参与国际合作与交流，为建设一个山清水秀、清洁美丽的世界和促进世界的可持续发展作出了中国贡献。共谋全球生态文明建设，不仅是中国实现可持续发展的理念和路径，也为全球生态文明建设提供了中国理念、中国方案。今后要不断增强我国在全球环境治理体系中的话语权和影响力，积极引导国际秩序变革方向，把"一带一路"建成绿色发展之路，构筑尊重自然、绿色发展的生态体系。

---

① 中共中央文献研究室编：《习近平关于社会主义生态文明建设论述摘编》，中央文献出版社 2017 年版，第 127 页。

第六章　合理分配生态财富是绿色发展的重要条件

当生态财富还不足以满足大多数人的需求时，我们首先要增加生态财富的总量，提高财富的生产效率。但是当财富已经积累到一定程度时，分配财富的结果就会对财富创造产生重要影响。若是生态财富的分配不公平，就会影响人们进一步创造生态财富的积极性和效率，因此当我们在强调增加财富的同时，必须同时关注财富的公平合理分配。要实现生态财富的合理分配，必须关注其公平性，无论是在生态财富的代际分配还是国际分配中，生态财富分配的公平性都会影响着人类社会的可持续发展。习近平总书记在谈到我国生态文明建设时就指出："吃祖宗饭砸子孙碗的事，绝对不能再干，绝对不允许再干。"[1] 因此，我们在分配生态财富时要考虑可持续问题，要让子孙后代既能享有丰富的物质财富，又能遥望星空、看见青山、闻到花香。此外，由于生态财富缺乏所造成的绿色贫困以及由于生态财富分配不公造成的贫富差距，只能在通过发展绿色经济以增加生态财富总量的基础上，坚持分配正义，才能真正实现生态财富在不同国家、不同地区、不同人群以及不同代人之间合理、有效、公平、持续的分配。

---

[1] 中共中央宣传部编：《习近平新时代中国特色社会主义思想学习纲要》，学习出版社、人民出版社 2019 年版，第 172 页。

第一节 生态财富的分配机制

一、生态财富分配的理论基础

马克思在《哥达纲领批判》中阐述了资本主义社会向共产主义社会转变的过渡时期理论、共产主义社会发展两个阶段的理论、社会主义按劳分配制度理论、生产方式决定分配方式的理论、公平或平等理论等，这些理论对于指导当今我国社会主义实践及生态财富的分配有着重要的现实意义。政治经济学中的分配，通常来讲，指的是产品的分配或收入的分配，"人们用这种分配关系来表示对产品中归个人消费的部分的各种索取权"[1]。在马克思设想的未来社会里，个人消费品的分配原则是按劳分配。按劳分配的准确含义是，在消灭了对生产资料的私人占有以后，社会上任何人都不可能凭借对生产资料的占有来获取收入。这时，在社会总产品中作了各项必要扣除以后，每个人只能根据自己的劳动量从扣除后所剩的社会总产品中领取相应的报酬[2]。

具体而言，马克思认为，在未来的共产主义社会，社会总产品在进入个人消费品分配以前，要进行六项扣除，同时重点解释了社会主义社会实行按劳分配的客观必然性。在按劳分配理论中，个人消费品分配的尺度是个人的劳动，即在一个集体的、以生产资料公有为基础的社会中，个人的劳动将直接作为总劳动的一部分，而每一个劳动者在劳动后的所得（在扣除其他以后）应该正好等于他贡献给社会的，而社会给予他的就是他的个人劳动量[3]。马克思认为生产决定分配，生产方式决定分配方式，分配方式变革的前提是生产方式的变革，他指出："劳动的解放要求把劳动资料提高为社会的公共财产，要求集体调节总劳动并公平分

---

① ［德］马克思：《资本论》第三卷，人民出版社1975年版，第994页。

② 何自力等主编：《高级政治经济学——马克思主义经济学的发展与创新探索》，经济管理出版社2010年版，第64页。

③ 《马克思恩格斯选集》第3卷，人民出版社1995年版，第302—304页。

配劳动所得。"① 社会主义的分配制度与资本主义的分配制度的区别就在于社会主义实行生产资料公有制，没有人能单独占有生产资料，这就决定了社会主义社会是按照个人的劳动量而不是占有的生产资料进行劳动产品的分配。

马克思的按劳分配理论具有重要的实践指导意义，我们可以将其作为指导我国生态财富分配的理论基础。我们已经知道，生态财富具有公共性的特点，其所有权是建立在公有制基础上的，因此想要实现生态财富的公平分配，就要以按劳分配为原则对其进行分配，这是由生态财富的所有制性质和我国的社会主义制度所决定的。不可否认的是，所谓公平也不是一个抽象的、永恒的原则，而是一定社会生产关系的要求在人们头脑中的反映。当一种分配方式与占统治地位的社会生产关系的要求相一致时，人们便认为是公平的。所以，公平的内容也是由社会生产关系所决定的，离开了社会生产关系，只从收入分配的均等程度来谈公平，是不可能理解公平的科学内涵的。因此，在进行生态财富按劳分配的时候，我们必须强调和坚持我国以公有制为主体、多种所有制经济共同发展的基本经济制度，这样人们才能够充分理解现阶段我们为什么要以按劳分配为主体、多种分配方式并存的原则进行我国生态财富的分配。

需要说明的是，按劳分配制度具有一定的历史阶段性，在社会主义社会阶段，按劳分配制度虽然不承认阶级差别，但是它不否认劳动者在个人天赋等方面的劳动差别，因此只有在共产主义社会实行按需分配后才能彻底消除社会主义社会按劳分配的弊端。我国现阶段正在积极发展社会主义市场经济，因此在运用马克思的按劳分配理论时可以根据我国的实际情况作出调整，但是在实行生态财富分配时马克思的按劳分配思想仍然是我们需要坚持的。虽然我们现在还存在贫富差距、财富分配不均等问题，但这只是暂时的现象，只要我们坚持用马克思主义的分配理论指导我们进行财富分配，尤其是在生态财富分配上力

---

① 《马克思恩格斯选集》第3卷，人民出版社1995年版，第301页。

求更加公平，就能逐步缓解我国的贫富差距问题，实现我国生态财富的合理分配。

二、生态财富分配的效率与公平

在资本主义制度下，人们认为拥有财富是因为他们劳有所获，如果要把他们的血汗钱拿走，那是不公平的。在自由市场里高呼分配效率的经济学家在研究分配问题时，把效率定义为市场对资源的帕累托最优配置。这个定义假设财富和收入的分配是给定的，更确切地说，他们认为有效配置就是最大限度地满足个人欲望，这种欲望是根据个人的支付能力加权计算的，即根据个人的收入和财富加权计算。改变收入和财富的分配情况，会得到一组不同的有效价格，这些不同的价格定义了不同的帕累托最优状态。因为不同的帕累托最优值是以收入与财富的分配情况为基础的，所以经济学家们不愿意比较它们，即认为不同的最优值都是一样好的。资本家们甚至声称，规模扩大（经济增长）的一个主要原因就是要避免分配公平问题，只要每个人都能从总增长中得到更多，分配问题就不那么紧迫，至少可以缓解贫穷。另外，一旦接受为公平而改变分配是合理的，那么总增长的分配效率便会失去其明确的意义（帕累托最优）。

就纯经济学理论来看，对社会总体而言，当边际收益等于边际生产成本时，生产就是有效率的，即只要净收益最大化，谁得到这些净收益无关紧要。也就是说，效率不因人而论，一块钱的净收益谁得到都一样，一个人获得一百元收益和一百个人每人获得一元收益是没有区别的。然而在现实世界中，多数人都认同，牺牲穷人利益使少数富人受惠的产出是不公平的。也就是说，有效率的产出未必公平，真正意义上的公平与一个社会的财富分配紧密相关。如果大家认为分配基本公平，那么在选择产出水平时，只用效率一个标准就可以了。但是，如果财富分配不公平，单一的效率标准就会过于狭隘。

因此，分配中需要强调的一个主要问题是：分配是公平的吗？如果不公平，那么它是有效率的吗？或者说，它在生态上是可持续的吗？和其他学科一样，经济学也承载了某种文化价值观。首先，特有的客观效率评价标准，即帕累托最优，体现了隐式的规范性判断，即恶意的或不公平的满足感是不被接受的。然而我们认为，从增加社会总效用来看，再分配是有效率的。比如，把富人的 1 美元（1 美元对于富人来说，边际效用很低）重新分配给穷人（1 美元对于穷人而言，边际效用很高），可以增加社会的总效用，从这个意义上讲，它是有效率的。因此，如果承认人与人之间的效用比较，那么分配具有公平的意义，也具有效率的意义。

虽然分配政策一般不应该剥夺人们通过自己的努力和能力赚取的钱财，但是人们不应该私自占有大自然、社会以及他人创造的财富，并且要为他们从别人那里得到的任何东西或者给别人造成的任何成本按公平合理的价格支付给别人。另外，分配还必须注重收入和财富，也注重市场物品和非市场物品。促使高收入者和富裕者为政府提供更多资金的政策能够进一步改善分配，比如允许政府为低收入者减税，资助惠及所有人的公共物品项目，而生态财富正是应该在这个范围内。

在生态经济政策方面有三个基本目标：可持续规模、公平分配和有效配置。实现有效配置的目标需要采用市场工具，至少对于私人物品（排他性的和竞争性的）而言是如此。对公共物品而言，如生态财富的分配，市场是不能单独发挥作用的。实现可持续规模的目标要求社会或集体对总通量加以限制，使得它保持在生态系统的吸收能力和再生能力之内。实现公平分配的目标需要社会把不平等性限制在一定的范围之内。正如前面所论述的，仅仅依靠市场手段不可能实现公平分配和可持续规模的目标。此外，市场甚至不能获得配置效率，除非分配和规模问题已经得到解决。

总之，公平是评估生态财富分配政策的一个重要标准。公平首先是一个道德问题，它主要关注如何在社会成员之间分配生态财富所产生的收益与成本。在政治层面，公平也是相当重要的，如果大多数人认为某个分配政策有失公平，就不会大力支持该项政策的实施。近年来在世界各国日益高涨的生态正义运动也是人们关注生态财富分配公平的外在表现，低收入群体过多地暴露在环境污染之下，如何更多地关注他们的生存条件，如何更加公平地在不同群体间分配生态财富成为我们亟须解决的问题。

三、生态财富的代际分配

财富分配的公平不仅仅是有效配置生态财富的重要条件，也是社会公平正义的一个基本属性。代际间的生态财富分配和代内分配一样重要，虽然人们考虑资源的代内配置已有很多年了，但是对代际分配的关心则是近些年的事情。在人类历史的大部分时期，生态财富似乎无穷无尽，技术进步也非常缓慢，人们祖祖辈辈享有大体相同的资源禀赋，他们也期望子子孙孙能够继承相同的资源禀赋。随着工业革命引发技术变迁以及对化石燃料利用的加速，人口以及人均消费的增长引起了人们对资源枯竭的恐慌，人们开始期待他们的子孙能够享有比自己更好的生活。那么我们面临的问题是：为了下一代的福利只增不减，我们这一代应该牺牲多少消费？或者说，我们怎样才能确保后代人活得不比当代人差？

我们知道，有些生态财富是可再生的，而有些却是不可再生的，可再生资源和不可再生资源从本质上来讲是不同的，必须区别对待。有限的不可再生资源在几乎无限的后代之间平均分配意味着任何一个时代的人都没有资源可以利用。但是，如果把资源永远埋在地下，也没有任何意义，对任何人都没有好处，因此每一代人都应该有更多义务有效地循环利用这些资源。如果现有的技术使我们的福利依赖于不可再生资源，那么我们就不得不为这些资源开发替代品。对于可再生资源来说，我们也必须按照可持续水平进行获取，没有人创造过可再生资源，所以没有任何一代人有权利减少后代可持续消费的资源数量，这表明资源的存量至少要达到它所能提供的最大可持续收获量的规模。

生态财富的代际分配是一个伦理问题，一个人在哪一代出生完全出于随机，因此没有任何道德上的理由声称某一代人对生态财富拥有更多的权利，最起码后代理应拥有足够的生态财富以提供令其满意的生活质量的权利不可剥夺。因此，当代人具有相应的义务以确保适量的生态财富，所谓适量既取决于技术变迁，也取决于生态变化。在生态经济学上，要想任何生态财富的效益达到最优化，那么对这种生态财富就要进行永续经营，一般情况下要求将它们维持在远离任何灾难性的生态阈值状态，这样才能保证生态财富能在人类的代际间实现公平、有效的分配。

四、生态财富的国际分配

生态财富以及生态环境问题具有全球性的特点。比如说，地球上某个国家的森林被破坏会导致该地区土壤恶化、野生资源减少等等，而且森林遭到破坏后，在树木中大量集聚的碳分解成为二氧化碳，排放到空气中，会导致全球气候温室化。这不仅仅是该地区的问题，也是人类社会共同的问题。因此，在考虑生态财富的国际分配时，我们不仅要将其与解决全球生态危机结合起来，还要有超越地区和国家界限的国际协作。也就是说，在我们通过一些政策手段在全球范围内分配生态财富时，不仅可以通过生态财富的合理分配平衡不同国家的经济发展水平差异，还可以促进全球生态环境问题的改善，可谓意义重大。

在考虑生态财富的国际分配时，我们不能回避全球化的影响。经济全球化是当今的大趋势，也是一把双刃剑，其结果是带来了资源的全球配置与产业链的全球延伸，正如美国学者罗伯特·塞缪尔逊所说："全球化是一把双刃剑：它既是加快经济增长速度、传播新技术和提高富国和穷国生活水平的有效途径，但也是一个侵犯国家主权、侵蚀当地文化和传统、威胁经济和社会稳定的一个有很大争议的过程。"[①] 全球化的支持者们声称，全球化将带来没有贫困的世界，而反对者常常认为全球化将进一步使得财富和权力集中在少数人手中。大部分最贫穷的国家已经参与了某一个它们具有绝对优势的领域的国际贸易，即自然资源的开采和出口。但是，若按照之前我们所定义的可以在一个时期消费但又不影响下一个时期消费能力的数量，开采不可再生自然资源所获取的收入不能完全算作收入，而且随着时间的推移，那些最贫穷国家的实际状况也许会比表面上看起来的更糟糕。因此，想要在全球化浪潮中不受西方

---

① 转引自张荣国：《市场化全球化背景下的分配公正问题》，《中国特色社会主义研究》2008 年第 1 期。

发达国家垄断资源和市场的限制，发展中国家就必须推动全球资源配置和财富分配向着更加合理、公平的方向发展。

首先，要促进国际分配正义（International Distributive Justice）。最早关于国际分配正义的研究始于二战以后，当时关注的焦点在于第三世界发展中国家与发达国家之间的贫富差距和资源分配不平等的问题，并强调富裕国家对贫穷国家的帮扶、国际援助等。如今，世界格局已经发生了巨大变化，经济全球化和生态危机在全球蔓延，所以当前对于国际分配正义的研究更注重于全球生态财富的分配、构建国际政治经济新秩序等问题。要促进国际分配正义，就要矫正全球经济发展的不平衡，要以新的国际经济秩序分配全球财富。根据马克思主义政治经济学的观点，正义、道德等问题要放在具体的历史阶段来考虑，不能超越历史发展阶段和生产力发展水平。在资本主义制度下，阶级关系决定了社会关系，财富和权力大量集中在资产阶级手中，从而造成了国际经济秩序的不平衡。所以，只有从根本上变革旧的国际经济秩序，让生态财富为全人类共享，才能建立真正意义上的国际分配正义。

其次，在全球化竞争中，适当地保持一些资源民族主义也是十分必要的。根据美国能源问题专家戴维·R.马雷斯的观点，在面对全球的激烈竞争中，应该把生态财富视为一国国家财产，而有效的分配生态财富的收益是为了以最大化的能力推动国家建设，使生态财富惠及全体人民[1]。像生态财富这类重要资源，不仅在一定程度上是自然赐予国家的天然财富，同时也赋予了国家对其的所有权利。当今世界经济发展不平衡，国际事务中存在许多不合理、不公平的政治经济秩序，发展中国家只有适当地借助资源民族主义才能通过对本国生态财富的控制来削弱帝国主义的势力，实现独立自主。

最后，在全球化过程中，一方面生态财富作为生产资料和劳动对象，通过投资、国际贸易等使其在世界各国得到配置，而另一方面生态财富也是一个国家重要的战略资源，想要在全球化中防范和抵御风险，保障

---

① 张建新：《资源民族主义的全球化及其影响》，《社会科学》2014年第2期。

本国生态财富的安全，就必须要积极参加全球事务，在充分利用国际规则的同时强化自身话语权。因此，我们要将我国的文化价值观等思想意识形态输出到全球，这关系到我们可否在全球资源竞争中获取最大利益。

综上所述，全球性的问题最终必须通过全球性的政策加以解决，通过生态财富的国际分配使得生态系统破坏被限制在全球可接受的水平。前文论述了污染者付费的原则，但是如果碰到砍伐森林以及珊瑚礁、湿地和其他生态系统被破坏，相关主权国家就不会为它们的活动对世界其他地方产生的影响而付费。虽然世界上所有国家都受益于其他国家的健康生态系统，但是，各国很少或者根本就没有帮助别国支付保护生态系统的费用。生态财富提供的生态系统服务是全球性的公共物品，大多数国家对于这种公共物品的供应而言都是"搭便车者"。一个解决办法是采用"受益者付费"原则，即谁受益，谁付费。事实上，欠发达国家（目前分布有世界上最有生产力的绝大部分生态系统）往往缺乏把生态系统变更限制在国家最理想水平的制度和能力。一项按照全球理想水平保护生态系统的有效政策必须提供这样做的激励和资源，这样才能有效实施生态财富在全球范围内的合理分配。

案例三：国际补贴实现全球生态财富的合理分配——以巴西亚马孙河为例

巴西亚马孙河及其流域周围的原始森林在维持地球生态环境上有着举足轻重的地位和作用，它的完好有利于全球生态系统的平衡与稳定，若是它被破坏则会给全球生态环境带来致命的影响。可以说，地球上任何一个国家和地区都或多或少地享受巴西亚马孙河这一生态财富所提供的各种生态系统服务。然而，几乎没有一个国家会为享受这一生态财富而付费。而巴西为了发展自身经济，在没有其他国家提供经济补偿的情况下，是不会有动力维护亚马孙河原始森林的完整性的，反而会因为砍伐森林等行为牺牲生态财富，只为了获取短期的经济收益。因此，若我们以长期性和整体性的眼光来看待这个问题，就可以得出结论：既然我们都享受了亚马孙河这一生态财富，就应该通过国际支付或国际补贴为其付费，从而调整生态财富的国际分配，使得提供这一生态财富的国家获得应有的收益，从而激励其长久地保持这一生态财富的持续性增长。也就是说，通过生态财富的国际分配，可以使得全球的生态财富得以良性循环。具体说来，我们可以通过以下几个途径实现生态财富的国际分配。

首先，我们可以通过生态系统服务的国际支付（International Payments for Ecosystem Services）来进行全球生态财富的合理分配，实施以市场为导向的"受益者付费"原则的一个可能性就是为提供生态系统服务的国家给予国际庇古补贴。以巴西亚马孙河为例，首要的问题是让富裕国家答应支付给巴西一定的费用以减少森林采伐并决定每个国家必须支付多少的交易成本问题。一个潜在的更大问题是决定这种补贴应该支付给谁。亚马孙河源远流长，虽然森林采伐非常迅速，但它平均每年影响的区域范围不及整个流域的 1%。要支付所有没有采伐森林的地主是非常没有效率的，因为不是所有的地主都计划采伐森林。一种可能就是支付给那些当前正在采伐但停下来不采伐的农民，但是，这样做的难度很大。与每个农民达成协议的交易成本将是巨大的，而且确保地主履行协议所必需的监督和执行成本也是巨大的。即使一个农民答应不采伐某个地方的森林，但他可以到另一个地方继续采伐。

其次，关于补贴的一个似是而非的替代做法，就是国际社会支付巴西以使得巴西的森林采伐率降低到某个预定的底线。底线可能是过去几年的平均森林采伐量，或是通过一个比较复杂的模型估算期望采伐量。另一个替代方案就是采取目前巴西使用的策略，就是所谓的"生态 ICMS"。生态 ICMS 是一种针对商品和服务的税。在美国某些州，一部分税收款按照城市生态目标（如小流域保护和森林保护区）的达标程度反补给市政当局。从本质上说，它是对生态服务供应的一种支付，这被证明很有效。类似的方法没有任何理由不能在全球层面使用。起初或许可以针对生物多样性的热点地区，它们分布的物种非常多，而且面临严重威胁。因为生物多样性在维持生态系统恢复力和功能方面具有重要意义，也就是说，生物多样性热点地区可能提供了大量的生态系统服务。与生态 ICMS 类似，一个全球性的基金可以分配给生物多样性热点地区所在国，分配的依据是各国对界定明确的保护标准的达标程度。然后由每个国家决定如何最好地满足这些标准，从而让微观自由实现宏观调控。

最后，在提高可行性方面，国际补贴方案还有几个特点。第一，交易成本最小化。便宜的卫星图片可以越来越精确地估计年度采伐量，因此监控成本很小。第二，在国际层面上，没有必要查明究竟是谁正在采伐森林。执法和责任是主要问题，因为资金将在保护工作发生之后才支付，如果森林砍伐速度没有放慢，那么也就没有支出。第三，国家主权保持不变，因为任何国家都没有改变它们行为的义务。第四，许多欠发达国家存在的一个主要问题就是它们缺乏执行环境保护政策的制度和资源，尤其是在像亚马孙河流域那样广大的区域，补贴可以为地方政府和中央政府利用上述政策减缓森林采伐提供激励与资源。

第二节 合理分配生态财富对于减贫具有重要作用

一、生态环境与绿色贫困

根据联合国开发计划署 2010 年发布的衡量贫困的多维贫困指数（MPI），所谓贫困包含 10 个方面的指标，如教育、健康、财产、服务、营养、卫生系统等等。2015 年世界银行宣布，绝对贫困线是每人每日生活支出低于 1.9 美元。由此可见，国际上衡量贫困的指标主要是在人的预期寿命、收入、卫生、饮食等方面，而这些都是与生态环境息息相关的因素，尤其是人的健康、寿命和收入。联合国开发署 2019 年发布的《全球多维贫困指数》（MPI）报告显示，全球共有 13 亿人处于"多维贫困状态"[1]，相当一部分贫困人口生活在土地退化、水资源紧张、生态系统脆弱的地方。贫穷在本质上一直是一种与环境的斗争，《布伦特兰报告》[2]尤其表明了

---

[1] 联合国开发署：《全球多维贫困指数》，2019 年 7 月 11 日。
[2] 《布伦特兰报告》是对 1987 年由前挪威首相布伦特兰夫人为主席的"世界环境与发展委员会"发表的《我们共同的未来》的别称。

第六章　合理分配生态财富是绿色发展的重要条件

第三世界中贫穷导致环境恶化，环境恶化反过来又导致更严重贫困的恶性循环。该报告指出："这种灾害的受害者大部分是穷国的穷人，那里，自给自足的农民开垦了那些勉强可用的土地，这使他们的土地更易受到水旱灾害的危害。穷人们居住在陡峭的坡地和无保护的海岸——唯一剩下的可供他们盖棚屋的地方，这就使他们自己更易受到各种灾害的危害。由于缺乏粮食和外汇储备，他们的经济上脆弱的政府没有能力来应付这种灾难。"① 该报告认为，不平等的土地分配和对商品增长的需求（而不是土地的持续使用和人口的快速增长），是维持生计的农民被推向边缘土地和休耕者拥有越来越少的轮作土地与时间的原因。

与一般人口相比，贫困人口的居住环境相对恶劣，自然灾害一旦发生，贫困人口没有经济实力去承担自然灾害带来的损失，贫困的现状也使得他们没有能力提高对自然灾害的风险防范能力。也就是说，贫困人口占有资源相对不足，承受生态环境破坏和气候变化风险的能力有限，而且他们缺乏将自然资源进行有效价值转换的能力。此外，社会的负外部性也会影响贫困地区生态系统的平衡，如污染的排放、自然资源被过度采伐等，使得贫困地区生态系统平衡被打破，进而引发一系列的自然环境灾害，如泥石流等，最终承受灾害损失的仍是贫困地区的居民。因此，保护自然环境、维持生态平衡对于贫困人口的意义格外重大。

综上，我们把这种因为缺乏经济发展所需的绿色资源(如沙漠化地区)基本要素而陷入贫困状态，或拥有丰富的绿色资源但因开发条件限制而尚未得到开发利用，使得当地发展受限而陷入经济上的贫困状态称为绿色贫困②。根据绿色贫困的定义，我们可以得知，绿色贫困一方面是因为缺少创造生态财富的基本资源，即缺少劳动的对象；另一方面，即使拥有劳动对象（生态资源），也因为技术、地理条件等限制使得人们无法对其进行开发，即缺少劳动。因此，根据配第"劳动是财富之父，土

---

① 世界环境与发展委员会：《我们共同的未来》，王之佳、柯金良等译，吉林人民出版社 1997 年版，第 35—36 页。

② 邹波等：《关注绿色贫困：贫困问题研究新视角》，《中国发展》2012 年第 4 期。

地是财富之母"的经典论断，我们可以得出正是由于缺乏劳动对象和劳动这两个创造财富的必要因素，才会造成绿色贫困。所以，想要解决绿色贫困，首先就要大力发展绿色经济，实施绿色扶贫，为下一步通过生态财富分配缓解贫富差距奠定基础。

二、绿色扶贫与生态财富分配

在市场经济条件下，市场机制是资源配置的有效手段，但它解决的只是社会经济系统内部的资源配置问题，对于社会经济系统与自然生态系统之间以物质和能量流动为主要形态的生态财富的分配却不能发挥同样有效的功能。贫困地区的生态服务价值是实实在在的，生态系统服务是一种无形的产出，这种服务进入社会经济系统，其经济价值是巨大的。然而，贫困人口更多的是在生态财富的生产与消费中承担了成本，而没有得到相应的经济收益。所以，由于缺乏生态财富导致贫困人群的生活愈加困难，想要实现减贫，就需要增加贫困地区的生态财富，同时更要通过生态财富的分配平衡不同地区因先天资源不同造成的贫富差距，使得经济社会朝着绿色可持续的方向发展。

增加贫困地区的生态财富首先要解决其绿色贫困问题，而绿色扶贫就是最有效而且最直接的手段。所谓绿色扶贫（Green Poverty Alleviation）是在保护贫困地区生态环境的前提下，合理地开发利用生态财富，进而实现脱贫致富的一种新的扶贫方式。绿色扶贫旨在以生态环境的治理与重建促进贫困地区的经济发展，根据贫困地区的环境与资源状况，选择适宜的有利于经济环境可持续发展的扶贫项目，如发展生态农业、绿色工业、开发绿色旅游业等等[1]。一方面，绿色扶贫需要政府的大力支持，仅靠市场机制只会导致贫富差距越来越大，是不可能起到绿色扶贫作用的。因此，政府需要通过经济、行政等各种宏观调控手段，加大对扶贫项目的资金投入和优惠，从整体利益和长远利益考虑，帮助贫困人口脱贫致富。另一方面，还要积极调动贫困人口改善自身生存环境和状态的

---

[1] 葛宏等：《绿色扶贫是环境与经济的双赢选择》，《经济问题探索》2001年第10期。

积极性，使得广大贫困人群参与到绿色经济的发展中，让贫困人口的自身能力建设成为绿色减贫动力实现的内在驱动力，实现其脱贫致富的愿望。

实施绿色扶贫还需大力发展绿色经济。2012 年联合国可持续发展大会的主题就是"在可持续发展和减贫背景下的绿色经济"，大会提出建立新的全球发展议程，同时提出要以绿色增长模式来取代传统的主要依靠资源和环境的增长模式，以消除贫困，实现可持续发展。但是，发展绿色经济也要在生态系统可承受的范围内，若是超过生态系统的阈限值，不仅会破坏生态环境，还会进一步带来贫困。发展绿色经济有利于减缓贫困，因为投资自然资本可增强生态环境保护与收入提高的相关性，增加贫困人群拥有生存资本的存量，从而提高贫困人群所拥有的生存资本质量。此外，发展绿色经济可以增加贫困人群的经济交易机会，且有利于发挥其拥有劳动力较多的比较优势。

具体说来，发展绿色经济对于减贫的意义在于以下几个方面：

首先，增强生态环境保护有利于收入的提高。生态系统提供的食物、能源、药材等有形产品可直接进入市场进行交易，但对于其提供的部分服务如洁净的水和空气、减少旱涝灾害、维持生物多样性等，价值却难以衡量，这些生态服务通常以免费形式为全社会共享。贫困地区的居民虽然拥有丰富的自然资源，但并不能从保护这些自然资源中获得经济回报。绿色经济承认在劳动的作用下，自然资本具有重大经济价值，鼓励个人保护生态环境，鼓励社会投资自然资本，增强了生态环境保护与当地居民收入提高的相关性。

其次，发展绿色经济的一项主要内容是投资自然资本，如禁止滥砍滥伐，通过植树造林增加森林面积，保护生物多样性，防止耕地退化和荒漠化，提高水资源利用效率，等等。因为森林、土地、水资源是贫困和弱势群体收入的主要来源和生存基础，所以投资自然资本将增加贫困人群的生存资本存量。

再次，绿色经济有利于增加贫困人群的交易机会。长期以来，农业、林业等第一产业的生态保护、观光休闲和文化传承等功能被忽视，随着经济社会的发展，居民生活水平提高，农业的多功能性不断凸显。例如，近些年来以观光休闲功能为主的乡村旅游业发展非常迅速。发展绿色经济，投资自然资本，不仅能有效增加食物和原材料供给，也提高了生态财富在审美方面的经济价值。通过发展旅游休闲产业，可以间接地为这些生态财富提供的生态服务定价，增加了贫困地区的交易机会，扩大了收入来源。

最后，发展绿色经济最根本的就是要保护生态环境，将已经被破坏和污染的生态环境进行恢复。通过减少污染、治理污染等措施改善水源质量、空气质量等，这些生态效益的提高对于人的健康和寿命大有裨益，是实实在在增加人类寿命的重要举措。此外，发展绿色经济可以通过收入的提高达到减贫效益，绿色经济就是大力发展绿色生态产业，如绿色农业、生态旅游等，这些依靠新的绿色科技发展起来的生态产业，可以带来农业增收、增加就业机会、将贫困地区闲置的良好生态环境利用起来等好处，为贫困人口带来实实在在的经济收入，改善贫困状况。

三、贫富差距与生态财富分配

约翰·罗尔斯在《正义论》中指出："财富和权力的不平等，只要其结果能给每一个人，尤其是那些最少受惠的社会成员带来补偿利益，它们就是正义的。"[①] 随着社会主义市场经济的发展，我国原来计划经济时代平均主义的均衡状态被打破，"让一部分人先富起来""效率优先、兼顾公平"的分配政策逐渐拉开了人与人之间、不同社会群体间、不同区域间社会成员的收入差距。而收入差距还仅仅是即时性的差距，收入差距累积到一定时候就变成财富差距，且财富分配的失衡比一般收入分配的失衡影响更严重。这是因为，财富分配的失衡会进一步导致不同收入阶层在财富创造和财富积累上的差距，即所谓的"马太效应"，并且这种差距会在代际间传递，从而使得财富分配失衡在不同时代延续。

---

① ［美］约翰·罗尔斯：《正义论》，何怀宏等译，中国社会科学出版社 1988 年版，第 14 页。

第六章　合理分配生态财富是绿色发展的重要条件

由于物质财富上的差距使得贫困人口产生了较强的被剥夺感，随着他们不公平感的逐步累积会引发一系列影响社会和谐的问题，因此解决好贫富差距首先要解决财富分配问题。

所谓财富的两极分化，指一批财富日益增大、人数日益增多的富人群体与人数众多的低收入群体之间的差距，而造成这个问题的根本原因就必然涉及所有制问题。资本主义生产资料私有制决定着资本主义分配方式，社会主义公有制决定着社会主义分配方式。要解决财富分配不公问题、实现共同富裕，必须建立在社会主义公有制的基础上，因为西方资本主义私有制是造成财富占有两极分化的重要根源。在社会主义制度中，实现共同富裕就是要消灭剥削和两极分化，而这是建立在生产资料公有制的基础上的。而且，公有制经济实行按劳分配为主，即按照人们劳动贡献的多少进行分配，这允许有一些差别，但是这样的差别不会很大，因为避免了私有制经济中资本家凭借对生产资料的占有而获取大量剩余价值的情况，也排除了资本剥削雇佣劳动的可能，从而为共同富裕提供了必要的社会条件。

解决财富分配与贫富差距问题，还可以从以下几个方面入手：首先，要从分配制度上变得更加公平。财富分配的机制必须有利于财富的配置效率和劳动效率，要合理分配资本要素所得和劳动要素所得之间的比例关系，防止资本的过度倾斜，促进效率与公平共同发展。其次，分配的起点和分配的过程都要公平。把初次分配和再次分配统一起来，从工资、社会保障、公共服务等各个方面实现分配公平，这个过程中最重要的是取得收入的机会均等和创造收入过程中条件的均等，即增大收入分配中机会公平，初次分配和再次分配都要更加注重公平。最后，要注意不同分配阶段采取不同分配原则。初次分配应以贡献为标准，即根据每个社会成员的具体贡献进行分配；再次分配则以需要为原则，即以贫困弱势群体的需要为标准进行再分配，这时要体现出社会和经济的不平等应有利于少受益者的最大利益。

具体到生态财富分配和贫富差距的问题，首先这两者的关系是和生态财富的特点密切相关的，由于生态财富具有地域性和时间性的特点，这就造成了同代人之间因地域不同而拥有的生态财富存在差距，以及由此引发的后代人生态财富拥有量不足的问题，从而影响人类社会的可持续发展。具体说来，主要有以下两个方面：

一是在同代人之间的生态财富分配差距主要体现在不同地域间对生态财富的占有、使用、收益分配权的不均造成的贫富差距。不可否认，由于地域不同，每个地方的资源也不尽相同，有些地方拥有大量矿产资源或是土地肥沃、水草丰盛，有些地方自古以来就是贫瘠荒蛮之地，这就造成了不同地区人们先天所享有的生态财富之间的差距。拥有丰富生态财富地区的人们便可以利用生态财富创造出大量经济效益，过上富足的生活，而生活在生态财富匮乏地区的人们往往就过得贫苦。虽然人们初始占有生态财富的条件是天生的，但我们可以对其进行公平合理的再分配，使得不同地区的人们都享有生态财富创造的效益。要想对生态财富进行分配，首先就要确定生态财富属于谁，又由谁进行分配。根据前文的分析，我们不难得出结论：想要公平合理地分配生态财富，只有当生态财富归全体人民所有，并由国家和政府作为代表对其进行经营，才能保证其分配符合大多数人的利益。在具体的实践过程中，政府可以通过生态补偿、排污权交易等手段对生态财富进行分配，使得享用了更多生态财富的人对无法享有生态财富甚至为保护生态财富作出牺牲的人给予补偿，让所有人都尽可能地拥有生态财富创造的经济效益、生态效益和社会效益。

二是解决同代人生态财富分配的差距是保证后代人拥有足够生态财富的前提。首先，生态财富具有时间性。生态系统有着自己循环的周期，我们必须保证生态财富在其自我调节、循环的承载范围内，才能保证后代人也有源源不断的生态财富供给。但是，那些极度贫困的人不会在乎可持续性，他们连自己的基本需要都得不到满足，为什么还要替后代的福利操心？因此，极度贫穷的人被迫破坏土壤、砍伐森林、过度放牧和容忍过度的污染，他们只是为了生存。然而，这些活动的影响范围不仅仅是当地，还会产生全球性的后果。其次，那些过于富裕的人消耗了大量的有限资源，可能剥夺了后代人生存的基本条件。即使最不愿意进行人际比较的经济学家也无法否认，挣扎在生存线以下的穷人的边际消费效用远高于富人购买越来越浮夸的奢侈品所获得的边际效用。再次，关心可持续性，也就是关心代际分配。我们不能只为了能够消费更多的奢侈品而迫使后代生活在贫困之中。然而，哪一种伦理体系能够证明不关心当代人的福利，而去关心还没有出生的人的福利是合理的呢？最后，我们知道在资源有限的地球上经济系统不可能永远增长下去，我们必须限制增长以确保未来的福利。但从伦理上来说，我们不可能告诉穷人，他们的权利必须继续遭受剥夺，以确保未来的福利不受此影响。如果全球经济这块"馅饼"必须停止做大，那么从理论上来讲，就必须对它进行再分配。因此，只有合理地分配了同代人之间的生态财富，才能保证后代人拥有足够的生态财富实现永续发展。

第三节　生态财富的代际分配促进可持续发展

一、可持续发展与生态财富的代际分配

可持续发展观起源于人们对环境问题的认识。自20世纪50年代开始，随着世界经济的快速发展，人口数量急剧膨胀、资源与能源消费剧增、环境污染问题日益严重，一些敏锐的思想家开始热切关注并积极反思传统经济发展模式的缺陷，从而催生了可持续发展理念。

1962年，美国海洋生物学家蕾切尔·卡逊出版了《寂静的春天》一书，该书被认为拉开了世界环境保护的序幕。作者通过充分的科学论证，揭示了农药对土地、生物乃至人类的破坏性影响，唤起了人们的环保意识，将环境问题摆到了各国政府面前。该书一出，引起了世人极大的关注，各环保团体相继成立，为可持续发展奠定了思想基础。1972年，美国麻省理工学院的教授麦多思，带领一个研究小组撰写了报告《增长的极限》。该报告认为：地球是一个有限的星球，地球上的土地资源、不可再生资源、污染承载能力都存在着极限，它们对经济增长会产生限制，使增长存在一个极限；若是人类无限制地追求增长必然会带来诸如人口爆炸、资源枯竭、生态污染等问题，而这些问题又将反过来限制人类经济社会的发展。该报告激发了人们对于传统增长模式的反思，开启了人类走一条可持续

发展道路的思想。同年，联合国在瑞典首都斯德哥尔摩召开了"人类环境大会"，主题为"只有一个地球"，并由各国签署了《人类环境宣言》，从此可持续发展在全球拉开了序幕。1983年，联合国成立了由挪威首相布伦特兰夫人为主席的"世界环境与发展委员会"，该委员会通过对当时世界存在的生态环境问题进行调研，于1987年发表了影响全球的《我们共同的未来》的报告。该报告详细分析了全球人口、生态、资源等各方面的重大经济、社会、环境问题，并正式提出了"可持续发展"模式，成为关于可持续发展的第一个国际宣言，这意味着经济学和生态学的结合，为人类找到了一条解决经济发展与环境保护之间矛盾的新途径。

20世纪90年代，伴随着全球化进程的加速推进，人们对可持续发展思想的理解更加深入。1992年6月，联合国环境与发展会议在巴西里约热内卢召开，183个国家和70个国际组织的代表出席了会议，会议通过了《里约环境与发展宣言》和《21世纪议程》两个具有重要意义的文件。《里约环境与发展宣言》又称《地球宪章》，提出了有关可持续发展的指导思想，认为人类想要实现可持续发展，必须认识到大自然的完整性和互相依存性，各国要建立一种新的、公平的全球伙伴关系，为维护全球环境与发展体系完整的国际协定而努力。《21世纪议程》是世界范围内的可持续发展行动计划，着重阐明了人类在环境保护与可持续发展之间应作出的选择和行动方案，提供了21世纪的行动蓝图，涉及与地球可持续发展有关的所有领域，大体可分为可持续发展战略、社会可持续发展、经济可持续发展、资源的合理利用与环境保护四个部分。至此，全球范围内的可持续发展战略开始迈出了实质性的步伐。

"可持续发展"一词的公认定义来源于报告《我们共同的未来》："既满足当代人的需要，又不对后代人满足其需要能力构成危害的发展。"[①]这一概念所包含的发展时间既包括当代也包括后代，是人类世世代代的永续发展。可持续发展不是简单的环境保护，它包含了三个基本要素：

---

① 世界环境与发展委员会：《我们共同的未来》，王之佳、柯金良等译，吉林人民出版社1997年版，第52页。

环境要素、社会要素和经济要素。其中，环境要素指尽量减少对生态系统的破坏，社会要素指要满足人类社会发展的需要，经济要素指发展中也要追求经济效益，只有这三个要素相互影响和作用，才能真正维持可持续性。换句话说，可持续发展理念认为，经济增长是可持续发展的物质基础，资源的永续利用和良好的生态环境是可持续发展的必要条件，社会的全面进步是可持续发展的追求目标，即可持续发展的最终目标就是使有限的资源、环境在现在和将来都能支撑和保持经济稳定发展和社会持续进步。

可持续发展包含三个基本原则，即公平性原则、持续性原则和共同性原则，而这三个原则也是生态财富代际分配的主要目标。具体说来，第一，生态财富的代际分配首先就要考虑分配的公平，要保证代内公平、代际公平和全人类公平享有生态财富。可持续发展是一种机会、利益均等的发展，因此在生态财富分配时，既要注意同代内区际间的公平分配，即代内之间的横向公平，也要注意不同代内代际间的纵向公平分配，即不仅要满足当代人的发展需求，也要保证后代人的公平发展机会。除了时间维度上的公平，空间维度上的公平性原则要求在开发和利用生态财富时，一个国家或地区不能以损害其他国家或地区所享有的生态财富为代价。第二，生态财富的代际分配必然注重持续性原则，即在分配生态财富时要充分考虑如何才能实现对生态财富的永续利用，不能无限制地超额掠夺生态财富，使其陷入再生陷阱，这样无论是对整个生态系统还是人类社会发展造成的影响都是不可逆的。第三，生态财富的代际分配还要关注共同性问题，即生态财富的分配是关系到全人类的问题，所要达到的目标是全人类的共同目标。因此，生态财富的分配必须争取全球共同的配合行动，只有全人类共同努力，才能保证生态财富的公平分配，实现可持续发展的总目标。

总之，生态财富的代际分配与一个社会的可持续发展息息相关，生态财富的分配体现了人与人关系的公平，这个公平不仅是指同代人之间应该共同富裕，不让财富集中在少数人手中，也是指代际之间的公平，要分配足够的生态财富使得后代人拥有同样的发展机会，使得一代代人得到永续发展。生态财富是人类通过劳动从大自然获取的物质资源，它来源于自然，不专属于任何一代人，每一代人都有权利通过自己的劳动获取满足自身生存发展的生态资源。这就是说，若是从整个人类的发展历史和未来着眼，每一代人享有的生态财富总量应该与其转移的生态财富总量持平，只有这样才能保持人类社会的永续发展。

二、生态财富代际分配的机制

美国环境经济学家玛莎·K.菲尔德在分析自然资源分配的机制时，强调要将分配的公平性体现在资源的市场价格中，而且这个公平主要就是指生态可持续意义上的代际公平。从经济学意义上说，消耗和污染都是有成本的，经济增长不仅在空间上以及数量上会侵害生态系统，它也使得生态系统维持的新陈代谢通量的环境退化，这会迫使经济系统和生态系统之间进行连续的协同进化适应。如果协同进化适应按照通量维持在生态系统吸收废弃物和再生新资源的自然能力范围之内进行，那么，我们就认为这样的经济规模是可持续的[①]。

更进一步来说，如果让价格反映公平分配和可持续规模的价值观，它首先要对生态财富在市场上的数量产生限制作用，把收入和财富分配上的不平等程度限制在一定的范围之内，并把大自然的物理通量规模限制在可持续的容量水平之下。这些宏观水平的分配与规模约束反映了公平和可持续的价值观，它不是个人的好恶，且不能通过市场中的个人行为得到体现。然后，市场重新计算配置价格，这一价格应与规模和分配约束相一致，从而在某种意义上将这些价值观内化于价格之中。因为利用价格计算最优规模和最优分配是循环推理，所以我们需要一种不同于价格（交换价值）的度量效益和成本的标准。对于分配而言，该度量标准就是公平的价值；对于规模而言，它就是生态的可持续性，其中包括

---

① ［美］巴利·C.菲尔德、［美］玛莎·K.菲尔德：《环境经济学》（第3版），原毅军、陈艳莹译，中国财政经济出版社2006年版，第301页。

代际公平[①]。

不可否认，市场在通过价格配置资源上有着一定的优势，但是在现实世界中，无论是国际上还是在一国之中，生态财富分配的不平衡主要是由于自由市场造成的。在理性的经济人占主导地位的市场机制中，想要实现生态财富分配的代际公平明显是不可能的。这是因为，根据经济人的假设，人们追求的是个人的幸福和价值最大化，在这样一种价值观的引导下，理性经济人必然会忽视代际公平，而只顾及当代人的利益，将全部生态财富在代内进行最优配置。由此，我们就可以看到富方(富裕国家或阶层)将生态财富不断地投入生产，为了获取最大利润而忽视生态系统的承载力，而穷方(贫穷国家或阶层)为求温饱则滥用生态财富。这样一来的结果是，两者均造成生态财富的再生陷阱，影响生态财富的持续利用，更谈不上实现生态财富的代际分配。

虽然我们可能夸大了市场失灵的程度，然而不可否认的是，市场机制在解决生态财富代际分配问题上确实存在着严重缺陷。因此，想要更加合理地在代际间分配生态财富，就要让政府对市场实行监管，加大政府的作用。若是缺少政府必要的干预，自由市场机制是无法全面反映类似资源匮乏、污染加重等问题给经济发展带来的外部性成本的，更无法顾及子孙后代的利益。所以，只有国家和政府作为后代人的代表，采取强制性措施和制定引导性的宏观政策，纠正自由市场机制的缺陷，并改变我们对经济增长的衡量方式，建立与实现可持续发展相适应的国民经济核算体系，即把生态财富的价值纳入到经济评价体系中去，才能保证生态财富在代际之间公平分配，从而实现人类社会的可持续发展。

---

① ［美］巴利·C.菲尔德、［美］玛莎·K.菲尔德：《环境经济学》(第3版)，原毅军、陈艳莹译，中国财政经济出版社2006年版，第304页。

第七章　构建生态财富的绿色消费方式

消费品分为必需品和奢侈品，前者主要满足人类的生理需要，后者则是满足心理需要。一般来说，必需品价格弹性小，而奢侈品价格弹性大。随着人类社会的发展，消费的必需品数量稳中有升但增长不会超过人的生理需求范围，但建立在人类心理需要上的奢侈品消费就不同了。奢侈品往往用于炫耀性消费，它是在既定文化价值观引导下产生的，即资本主义的价值观。根据生态学马克思主义的观点，在这样一种文化价值观的倡导下，必然会导致异化消费，而资本主义生产为了维持其利润，必然会过度掠夺生态财富以扩大生产规模，进而导致生态危机。因此，习近平同志强调，要"改变传统的'大量生产、大量消耗、大量排放'的生产模式和消费模式，使资源、生产、消费等要素相匹配适应，实现经济社会发展和生态环境保护协调统一、人与自然和谐共处"[①]。倡导简约适度的生活方式是从根本上进行生态治理的重大选择，习近平同志强调"要倡导简约适度、绿色低碳的生活方式，反对奢侈浪费和不合理消费"[②]，为了避免对生态财富的过度消费，我们必须克服异化消费和消费主义价值观，树立新的财富观及消费观，构建生态财富的绿色消费模式。

---

① 习近平：《推动我国生态文明建设迈上新台阶》，《求是》2019年第3期。
② 习近平：《推动我国生态文明建设迈上新台阶》，《求是》2019年第3期。

第一节 异化消费与消费主义价值观造成生态危机

一、异化消费造成生态危机

根据生态学马克思主义的观点，当代社会的资本主义危机已经从马克思所处时代的经济领域转到了消费领域，其根源在于资本主义为了维持异化消费不断扩大生产规模，导致生态系统已无法承受无限制的剥削和破坏，从而经济危机转向了生态危机。由此，西方生态学马克思主义学者将生态危机的原因指向了消费领域，揭示了异化消费与当代生态危机之间的内在联系。从一定程度上说，异化消费是由异化劳动导致的，这是因为资本主义的生产剥夺了人们劳动的自由，导致劳动发生异化，并使得人们把从劳动中寻求满足转向从消费中获取满足，从而慢慢地开始依附于消费行为，最终导致异化消费的发生。因此，异化消费就是指"人们为了补偿自己那种单调乏味的、非创造性的且常常是报酬不足的劳动而致力于获得商品的一种现象"①。

异化消费是资本主义社会特有的、建立在虚假需求基础上的，而不是建立在人们的真实需求上的，所以由异化消费形成的生活方式在根本上也会被异化。在资本主义制度下，资产阶级为了维系其统治地位，为了要维持这种建立在追求无限利润需求上的异化消费，就会不断通过技术改革扩大资本主义生产，提供越来越多甚至已经超过人们真实需求的消费品，最后形成一种高生产、高消费的生产方式和生活方式。换句话说，资本主义生产的无限性与生态系统的有限性必然会出现矛盾和冲突，而这一矛盾就表现为生态危机。

我们不能否认，在商品经济发达的今天，消费对于生产的促进作用是不言而喻的。但是，我们不能因为一味强调消费而忘记了其根本的作

---

① ［加］本·阿格尔:《西方马克思主义概论》，慎之等译，中国人民大学出版社1991年版，第494页。

用，那就是满足人们必要的物质和精神需求，而不是为了消费而消费。炫耀性消费或者异化消费不但无法真正满足人类的需求，还会因为过度浪费生态财富而引发生态危机，进而反过来制约经济的增长。从本质上说，异化消费是由于资本主义的生产逻辑造成的，若要克服异化消费，必须从根源上改变资本主义制度，通过实现共产主义来达到经济的高度发展和人的全面发展。但是，这不是一朝一夕就能达成的愿望，而是需要一个循序渐进的过程，现阶段我们能做的就是根据生态学马克思主义的观点，建立一个倡导绿色消费的生态社会主义社会，从而防止生态危机的蔓延。

二、消费主义价值观造成生态财富的浪费

由于资本主义追求剩余价值和利润动机的本质，导致其势必会在全社会范围内宣扬消费主义价值观，鼓吹人们不断进行高消费，其实质已不是为了生产出满足人们真实需求的消费品，而是为了追求源源不断的利润。众所周知，生产和消费是两个紧紧相扣的经济环节，没有生产就没有消费，而消费又会反过来影响生产的数量和质量。对此，法国思想家安德烈·高兹在《经济理性批判》一书中对人们消费价值观的演变过程进行了系统的分析，他把前资本主义社会到资本主义社会消费价值观的变化概括为从"够了就行"到"越多越好"的演变过程[1]。"够了就行"是指在资本主义早期，人们生产和劳动的主要目的还是为了满足生存和生活所需，不是特别地为了追求利润；"越多越好"是指随着机器化大生产的不断推进，资本主义的生产已经能够满足人们的基本需求了，但是资本家开始贪婪地榨取剩余价值，其生产和劳动的目的已经变为通过市场交换获得利润，从而人们的价值观也随之发生了变化。人们开始追求"越多越好"的消费观，把衡量幸福的标准视为拥有财富和消费品的多少，其消费已不是为了满足自身需求，而是为了炫耀性消费。所以，

---

[1]　王雨辰：《生态批判与绿色乌托邦——生态学马克思主义理论研究》，人民出版社2009年版，第179页。

这种消费主义价值观必然会导致人们对商品无止境地追求和消费，从而不断掠夺生态财富以扩大生产，造成生态危机。

而如今的西方资本主义社会，更是一种高生产、高消费的社会，其生产规模不断地扩张，随之产生的生产垃圾也会不断增多，这必然会超过生态系统自我循环的阈限范围。由于消费主义价值观把对商品的消费作为衡量幸福的标准，把生态财富、生态系统及其提供的服务看作满足人类欲望的工具，从而把人类关注的重点放在了如何不断改造和利用生态财富来进行无限制地生产，但却忽视了自然所能承受的限度，这就必然导致资源和能源的缺乏。这种缺乏是由于资本主义生产制造出来的一种人为的状态，是由于当代资本主义社会把对个人的自我认同和人际间的尊重等同于对商品的占有和消费，并造成了社会生产规模不断扩大和生态财富有限性之间的矛盾，这是资本主义逻辑导致的必然结果。资本的逻辑本身就是为了追求利润最大化，所以为了盈利必然要过度生产，这就必然会过度消耗生态财富，而为了使得生产出的商品能够实现市场交换，其又会大力鼓吹过度消费，这样一环接一环地造成生态危机。

综上所述，长期以来西方经济学奉行的规模经济在现代资本主义生产方式下，形成了"大量生产—大量消费—大量抛弃"的经济运行模式，这是对生态财富极度浪费的一种模式，是与资源的有限性和地球的唯一性背道而驰的。消费主义价值观盛行会导致严重的生态后果，因此，必须改变消费主义价值观主导下的生态财富浪费行为，实现生态财富的绿色消费。

第二节 构建生态财富绿色消费方式的理论阐释

一、消除异化消费是实现生态财富绿色消费的前提

要解决生态问题，必须要找到造成生态危机的根源，从社会生产和消费方式入手，改变资本主义制度下的生产方式、生活方式，打破异化消费和虚假需要的链条，从而杜绝无谓的浪费，重塑人的需要观和价值

观，用社会主义制度和生产的模式来代替资本主义，从根源上解决生态问题，实现生态财富的绿色消费。

如何消除异化消费呢？生态学马克思主义学者认为可以通过"期望破灭的辩证法"来消除异化消费，他们认为生态危机会让人们对经济增长的习惯性期待走向破灭，从而促使人们反思以往的消费主义生活方式是否正确，当人们意识到以往的价值观无法真正满足自身需求时，就会改变对幸福的看法，这一思想意识的变化过程就是一个期望破灭的过程[①]。由此，所谓"期望破灭的辩证法"就是指当人们一直以为的可以源源不断地拥有无限丰富的物质消费品的期望会随着生态危机的发生而破灭，人们将被迫重新评估自己衡量幸福的标准，从而使自己从异化消费中清醒过来，重新定义自己的真实需求，这就反过来会影响到消费品的生产，从而遏制浪费。这样一来，人们对于劳动的看法发生了根本转变，即从把劳动当作获取消费和财富的手段变为把劳动当作实现自身价值的途径。人们这一认知的改变，就是对于发达商品社会能够源源不断供给消费品的期望的破灭，从而重新调整自己对于所处社会和时代的看法，通过对劳动和消费的正确认识来调整对于幸福的衡量标准[②]。所以，"期望破灭的辩证法"能让人们克服异化消费，树立新的消费观，使得人类的真实需求、消费和生态之间的关系更加和谐。

加拿大学者威廉·莱易斯在《满足的极限》一书中也提出了克服异化消费的解决办法，他认为最重要的就是要重塑人的需求和价值观。虽然人有各种需求，但人的能力也是多方面的，不需要以专门的商品消费或服务来满足人的需求，而是应该让人发挥自己的能力，通过劳动来满足自身的需要和幸福感。所以，摆脱异化消费，就需要先把人们衡量生活质量的标准从消费领域转移到生产领域，构建出一种能让人们从劳动中获取自身需求的氛围，使得人的能力能够得到全面的实现，从而得到

[①] 王雨辰：《生态批判与绿色乌托邦——生态学马克思主义理论研究》，人民出版社2009年版，第202页。

[②] ［加］本·阿格尔：《西方马克思主义概论》，慎之等译，中国人民大学出版社1991年版，第490—491页。

真正意义上的满足，由此实现表达需要和满足需要方式的彻底变革。

另外，莱易斯还提出要建立一个较易于生存的社会，这个社会的目标在于降低商品的地位，使其不再成为满足人类需求的重要因素。同时，这个社会能够大致算出养活当下所有人口所需的能源和资源数量，并力求把对生态财富的消耗降到最低①。不过莱易斯也表明，建立较易于生存的社会并不是人类社会追求的终极目标，这仅仅是社会变革的一个过渡，其意义在于通过改变社会的政策重新树立新的衡量幸福的标准，使满足需求的问题不再被完全看作是消费活动的功能，即消费不再是满足人类需要的唯一方式。

此外，英国经济学家舒马赫在《小的是美好的》一书中主张适度规模的生产，他指出工业化国家畸形的消费观念和消费行为源于西方现代经济学的片面性，即把消费当作唯一目的。他主张要颠覆这一观念，要寻找最佳的消费方式，即不可以做物质的奴隶，不可以整天疲于追求物质消费，而是应该平衡好物质与非物质的东西，进行适度消费。

总的来说，要克服异化消费就要重新建立正确的消费观。我们不反对随着经济发展不断提高消费水平，而是反对炫耀性消费、奢侈消费，因为这种不计生态环境成本的过度消费已经大大超过了人类生存的基本所需，而且还不可避免地剥夺了其他社会成员的基本所需，这是不公正的，也是造成生态财富浪费和生态环境恶化的重要原因。

二、马克思新陈代谢理论为生态财富绿色消费提供理论基础

马克思在《资本论》中阐述了人与自然进行新陈代谢的两个基本范畴，即生产力范畴和生产关系范畴。所谓生产力范畴就是指人类在生产过程中和生态系统进行的物质和能量交换，而生产关系范畴指的是支配人与生态系统物质变换过程的人与人之间的关系。因而，马克思这样来定义劳动的过程，即"人和自然之间的过程，是人以自身的活动来引起、

---

① 万健琳：《异化消费、虚假需要与生态危机——评生态学马克思主义的需要观和消费观》，《江汉论坛》2007 年第 7 期。

调整和控制人和自然之间的物质变换过程"①。根据马克思的观点，劳动是引起和控制人类与自然之间物质变换的中介，若是人类的劳动违背自然规律，过度干预自然，就会造成人与自然之间的物质变换出现断裂，在这种新陈代谢中造成一个不可逆的断裂，即产生大量的生产和消费废弃物，超出了生态系统所能承受的范围，最终造成生态危机。

人类与自然的物质变换过程总的来说体现在两个方面：一方面，人类通过生产活动不断向自然界索取各种资源，使之成为物质财富以满足自身生存和发展的需要；另一方面，人类把生产和生活过程中的废弃物排向生态系统，这些废弃物是人类生存和发展过程中通过新陈代谢产生的消费残留物。这样一来，人类通过从生态系统获取生态财富来支持各种经济活动，同时又将产生的排泄物输送回生态系统，这样一个双向过程构成了人与自然之间持续的新陈代谢运动。所以，若想保持人与自然之间的这一物质变换过程持续地发生，必须消除由于资本主义制度造成的大量生产、大量消费、大量浪费的行为，避免人与自然的新陈代谢过程出现断裂，从而造成不可修复的生态危机。

此外，还有许多生态学马克思主义学者也进一步研究了马克思的新陈代谢理论。高兹认为，人类与自然界的新陈代谢运动可以从自然和社会两个方面来理解。从自然层面来看，这种新陈代谢活动是受到生态系统自身的循环规律影响的，因此各种人与自然之间的物质循环过程都不能违背自然规律；从社会层面来看，这种新陈代谢活动是由支配劳动分工和财富分配的制度化规范支配的②，也就是说，人类的文化制度会反过来作用于人与自然的物质变换过程。福斯特认为，马克思用新陈代谢这个概念来描述一系列已经形成的人与自然之间动态的交换过程，而这样一种互动关系在资本主义条件下被异化了，从而形成了人与自然新陈代谢过程中的裂缝。在这一新陈代谢的裂缝中，资本家追求财富的累积，

---

① 李世书：《生态学马克思主义的自然观研究》，中央编译出版社2010年版，第142页。
② 温晓春：《安德烈·高兹中晚期生态学马克思主义思想研究》，上海人民出版社2014年版，第127页。

并且认为炫耀性消费是其取得声誉和显示地位的手段，而这一切又在加剧物质变换断裂过程的演变，造成严重的生态危机 [①]。

所以，如果我们要实现生态财富的绿色消费，就要根据马克思新陈代谢理论重新认识人与自然的互动关系，在减少人类废弃物排泄的基础上，把已经排泄的废弃物进行循环再利用，从而减小人类对生态系统造成的压力，改善人与自然新陈代谢的关系。只有避免经济系统和生态系统之间的物质变换过程出现断裂，才能建立起人与自然之间永恒和谐的互动关系。通过减少生产和生活废弃物的排放量、减少生态财富的浪费和生态环境的污染，才能实现生态财富的绿色消费，这对于改善和优化消费环境具有重要意义。

第三节 建立生态财富绿色消费模式

一、绿色消费的内涵

根据前文对异化消费、消费主义价值观的分析，我们可以这样来理解绿色消费的内涵，即一般意义上的绿色消费可以看成节约型的适度消费，也就是说要适度地消耗生态财富来进行生产，在和生态系统进行物质变换的过程中既不能过度索取生态财富，也不能过度排泄生产生活废物，一切新陈代谢活动都要在生态系统可承受的范围之内进行。要建立生态财富的绿色消费模式，就要进行绿色的、生态型的消费，这是人类消费方式的重新选择和根本性转向，也是我们保证生态财富可持续利用的基本准则。

从更广义的角度来说，绿色消费还应注意三个方面：第一，要切实转变消费观，要注重追求商品的使用价值，崇尚自然健康的消费方式，在追求舒适的同时注重对生态环境的保护和对生态财富的节约；第二，

---

① ［美］约·贝·福斯特：《生态革命——与地球和平相处》，刘仁胜等译，人民出版社 2015 年版，第 89 页。

在全社会树立消费绿色商品的氛围，从而促进对绿色商品的需求；第三，根据发展循环经济的要求，绿色消费还要求在消费过程中合理处理垃圾，并对垃圾进行循环再利用，使得生态财富可以不断循环再生，实现消费过程的绿色化。总之，绿色消费的一个重点就是一切消费活动都不能超出生态系统的阈限范围，不能让生态财富陷入再生陷阱，要保证生态财富的可持续利用。但是，需要说明的是，绿色消费并不是一味地强调降低消费量，也不是单单指消费绿色商品，而是要将人类的生产实践和生活方式和谐地融入生态系统之中，消除异化消费，改变消费主义价值观，逐步建立对生态环境友好的绿色消费模式。

二、实现生态财富绿色消费的途径

我国十分重视绿色消费问题，早在"十二五"规划纲要中就对绿色消费模式做了专章阐述，其主要内容是倡导文明、节约、绿色、低碳消费理念，推动形成与我国国情相适应的绿色生活方式和消费模式，鼓励消费者购买使用环保节能产品，抑制不合理消费，推行政府绿色采购，等等。习近平总书记也指出："要倡导推广绿色消费。生态文明建设同每个人息息相关，每个人都应该做践行者、推动者。要加强生态文明宣传教育，强化公民环境意识，推动形成节约适度、绿色低碳、文明健康的生活方式和消费模式，形成全社会共同参与的良好风尚。"[①]2016 年 3 月，国家发展改革委等 10 个部门联合制定并发布了《关于促进绿色消费的指导意见》（简称《意见》）。《意见》提出，加快推动消费向绿色转型，到 2020 年，绿色消费理念成为社会共识，长效机制基本建立，奢侈浪费行为得到有效遏制，绿色产品市场占有率大幅提高，勤俭节约、绿色低碳、文明健康的生活方式和消费模式基本形成。由此可见，绿色消费模式是资源节约型、环境友好型的消费模式，是符合绿色发展要求的消费模式，是向绿色低碳、文明健康的消费方式的转变。绿色消费主要包括：消费无污染的物品；消费过程中不污染环境；自觉抵制和不消

---

① 《习近平谈治国理政》第二卷，外文出版社 2017 年版，第 396 页。

费那些破坏环境或大量浪费资源的商品等。具体说来，建立生态财富的绿色消费模式可以从以下几个途径入手：

第一，政府要作为绿色消费的领头羊和推动者。一方面，政府通过建立和完善推动消费绿色转型的各项政策措施，鼓励市场生产绿色产品和提供绿色服务，在全社会形成绿色消费的氛围，同时，政府还可以从税收、补贴等角度引导绿色消费，对绿色产业实施扶持，使绿色产品在市场中具备竞争优势，从而转变为大部分消费者的选择，这样绿色产品才会逐渐被广大消费者所接受。另一方面，政府在绿色消费中还要起到带头作用，在工作方式中遵循低碳节能原则，在政府采购中优先购买绿色环保产品，把政府的绿色采购行为作为示范，使之成为引领绿色消费的有效途径和手段。

第二，树立生态财富绿色消费的价值观。化解生态危机不仅需要生产模式的转变，更需要在消费模式上进行革命性的转变，需要消费者树立绿色消费观，形成一种环境友好、可持续的消费模式。绿色消费观就是倡导消费者进行合理的生活消费，树立健康适度的消费心理，并通过消费方式的改变来促进生产方式的绿色转型。绿色消费模式的建立，要求消费者在消费过程中有意识地选择和使用有利于自身和公共健康的绿色产品。而且，随着绿色经济的发展，新兴的市场会带来大量物美价廉、品种多样的绿色产品，以满足日益高涨的绿色消费需求，提高人民的生活质量和品位。因此，要着力培育绿色消费理念，强化绿色消费的内在驱动。具体做法诸如：依托主流媒体对公共舆论的导向作用，进一步加大适度消费和绿色消费理念的宣传；重视教育对绿色消费理念培养的优势，充分发挥各级学校对绿色消费和可持续消费理念的宣传基地功能；充分发挥消费者协会、环境保护协会等社会性组织的媒介作用；等等。

第三，利用技术进步为绿色消费提供支持。一方面，科学技术的发展能够为克服异化消费提供很好的支持。由于异化消费产生的大量排泄物会对生态系统造成巨大压力，而科学技术能够从一定程度上减少生产过程中的生态财富浪费，还能促进对生态财富的循环利用，因此要合理利用技术进步减少和降低废弃物对生态环境造成的破坏。另一方面，很多新兴的绿色产品需要技术开发的进一步成熟才能在市场上更好地与传统产品相竞争，只有依托技术的进步，才能让绿色产品在价格和性能上占优势，从而让消费者自觉选择物美价廉的绿色产品，养成消费绿色产品的习惯。

三、政府的绿色采购带动生态财富的绿色消费

众所周知，消费行为在一定程度上会影响生产行为，政府作为公共利益的合法代表，其运用公共资金进行采购是一种消费行为，而这一消费行为不仅能够为公众的消费起示范带动作用，更重要的是它能够通过消费反作用于生产，带来良好的经济效益。因此，政府的采购行为具有调节市场的重要作用。政府不仅能够通过自身的绿色采购行为引导企业生产绿色产品、投资生态产业，而且能够引导市场提供更好的绿色消费品，是引导生态财富创造的重要力量。

简单来说，绿色采购是指人们购买绿色环保产品的行为，而政府的绿色采购即政府通过其庞大的采购行为，在办公用品等各种产品的采购环节优先选用绿色环保产品、绿色服务和绿色工程等，从而带动市场的消费行为，刺激企业加快对生态产业的投资和升级。政府的绿色采购行为是政府作为主体而进行的，具有很强的经济效益，成为政府促进生态产业和绿色经济发展的直接、有效手段之一。因此，政府也是构建生态财富绿色消费的重要力量。政府的绿色采购行为不仅在许多国家实行和开展，还带动了国际组织、企业等其他机构的采购行为，如联合国、世界银行等国际组织相继成立了绿色采购联合会，一些国际知名的大公司和非政府组织也自愿加入到该行动中，使得绿色采购成为全球的新趋势。

政府的绿色采购在本质上是一种经济行为，采用经济手段促进生态财富的创造是符合经济发展的客观规律的。一般来说，当政府想要刺激和大力扶持某一类产业时，往往会通过经济政策、行政命令或是直接参与的方式进行，而政府的绿色采购行为是一种对经济行为的干预活动，会产生重要的扶持效应，即扶持企业进行清洁生产、投资生态产业、创

造生态财富等。由于绿色产品或服务在生产成本上会高于传统的非绿色产品，因此政府可以优惠购买，如优先订购或是给予补贴，这样企业才能更有积极性参与到绿色生态产业的发展中。而且，政府的巨额绿色采购可以促使绿色产品的生产达到规模经济，对企业来说可以降低生产成本，又更进一步激励企业研发绿色技术，形成良好的可持续循环发展。政府绿色采购虽然有可能增加政府的预算，相当于一种扶持性的经济手段，但是也会带来相应的回报，有利于形成一种鼓励绿色生态产业发展的良好社会氛围。在这样一种氛围下，全社会都会逐渐形成绿色消费的习惯，因为政府具有十分强大的带动和引领作用。

　　具体说来，政府的绿色采购行为表现在选购符合国家生态标准或是有绿色环保标志的办公用品，如电脑、打印机、汽车等；抑或政府主动选择绿色的会议服务、餐饮服务等；再就是当政府投资一些工程项目时，如修建道路、办公楼等，要求施工方绿色施工，采用绿色材料、减少污染。这些行为不仅能够起到保护生态环境的作用，更重要的是能够通过政府的带动行为促进生态产业的发展、为生态财富的创造带来更多的机遇，从而为市场提供更多、更优质的绿色消费品。我国财政部每年都会公布《环境标志产品政府品目采购清单》，有效开展了政府绿色采购的实践，并且通过发布清单对各行业中的绿色产品进行了公示，鼓励和带动了更多企业参与到生产符合政府采购标准的绿色产品当中，从而创造出更多的生态财富，逐渐引导市场成为绿色消费品的供应者，为构建生态财富的绿色消费模式起到了良好的示范和带头作用。

第八章　构建中国特色社会主义绿色发展方式

　　党的十九大作出"中国特色社会主义进入新时代"的重大政治判断，新时代人民对美好生活的追求内容更加广泛，不仅对物质文化生活提出了更高要求，对生态问题也越来越重视，对天蓝地绿、山清水秀、生态优美的生活环境和空气洁净、水质优良、食品安全的生态安全的需求越来越强烈。习近平总书记明确指出，我们在快速发展中也积累了大量生态环境问题，成为明显的短板，成为人民群众反映强烈的突出问题[1]。因此，我们要推动形成绿色发展方式，这是发展观的一场深刻变革。习近平总书记强调："绿色发展，就其要义来讲，是要解决好人与自然和谐共生问题。"[2]绿色发展是可持续的发展、是人与自然和谐相处的发展，它通过对生态财富的绿色生产、绿色分配、绿色交换、绿色消费等环节实现绿色富国和绿色惠民。因此，生态财富的创造方式本身就是绿色的发展方式，它为我国在新常态下的生态文明建设奠定了坚实基础。要构建我国的绿色发展方式，必须要有绿色文化作为指引，因此，本章讨论的是在既定文化价值观下的绿色发展。此外，实现绿色发展还需要处理好经济发展中的各种矛盾，协调好各种绿色关系，通过供给侧结构性改革实现绿色供给的增加和供给结构的调整，从而构建出一套绿色发展机制来实现我国经济发展方式的绿色转型。

---

[1] 《习近平谈治国理政》第二卷，外文出版社 2017 年版，第 394—395 页。
[2] 《习近平谈治国理政》第二卷，外文出版社 2017 年版，第 207 页。

第一节 绿色发展破解新常态下发展难题

一、我国绿色发展面临的困境

经过多年的快速发展，我国积累下来的资源环境问题也进入了频发阶段，生态文明建设正处于压力叠加、负重前行的关键期。习近平总书记强调指出："我们在生态环境方面的欠账太多了，如果不从现在起就把这项工作紧紧抓起来，将来会付出更大的代价。"[1] 从一定意义上说，我国资源约束趋紧、环境污染严重、生态系统脆弱的形势依然严峻，生态治理成效并不稳固，生态环境问题已成为制约经济社会发展的突出难题，主要体现在以下几个方面：

一是资源保障能力较弱，制约了经济社会可持续发展。我国幅员辽阔，被称作"资源大国"，拥有种类齐全的自然资源，在一些重要战略资源的拥有总量上甚至位居世界前列。然而，由于我国人口总量大，导致人均自然资源占有量通常低于世界平均水平，资源优势并不明显。现引入一组数据来说明问题：2017年，我国耕地保有量居世界第三位，但人均耕地面积不足1.5亩，不到世界平均水平的1/2；2019年，我国人均水资源量2048立方米，约为世界平均水平的1/4；油气、铁、铜等大宗矿产人均储量远低于世界平均水平，对外依存度高；人均森林面积仅为世界平均水平的1/5；20世纪50年代以来，我国滨海湿地面积消失57%，红树林面积减少40%，黄河流域水资源开发利用率高达80%，远超一般流域40%的生态警戒线；等等。[2] 总之，我国虽然拥有广袤多样的国土和富饶的自然资源，但是面对庞大的人口数量，我国不得不面对人均拥有量稀少的现实，且这一问题将困扰我国的绿色发展。

---

[1] 中共中央文献研究室编：《习近平关于全面建成小康社会论述摘编》，中央文献出版社2016年版，第164页。

[2] 陆吴：《全面提高资源利用效率》，《人民日报》2021年1月15日。

二是环境污染依然严重，制约了人民群众对美好生活的新期待。人民群众现在已不再简单满足于物质文化的需求，而是对美好生活有了更高要求，老百姓比以往任何时候都需要更清洁的空气、更干净的水、更安全的食物，但大气污染、水污染、土壤污染严重制约了这些需求的满足。官方公布的《2019中国生态环境状况公报》指出，当前我国生态环境治理取得较大成效，但形势依然严峻：在空气质量方面，全国地级及以上城市中，180个城市环境空气质量超标，占53.4%；337个城市累计发生严重污染452天，重度污染1666天；酸雨区面积约为47.4万平方千米，占国土面积的5.0%。在淡水资源方面，全国地表水监测的1931个水质断面（点位）中，Ⅰ～Ⅲ类水质断面（点位）占74.9%，劣Ⅴ类占3.4%；黄河流域、松花江流域、淮河流域、辽河流域和海河流域为轻度污染。在土地资源方面，影响土壤环境质量的首要污染物是重金属镉，全国水土流失面积为273.69万平方千米，荒漠化土地面积为261.16万平方千米，沙化土地面积为172.12万平方千米。在生物多样性方面，受威胁物种3767种，近危等级的2723种。[1]这些问题的存在，直接影响着人民群众的幸福感，也制约着我国经济社会的永续发展。

三是我国人口规模大，资源环境对经济社会发展的约束愈发明显。我国的人口构成特点是：绝对数量大、新增人口多、老龄化趋势明显和分布不均衡。而庞大的人口数量是造成资源过度消耗、粮食短缺、环境污染等问题的原因之一，同时也成为我国经济社会永续发展的重要限制因素。目前我国拥有14亿多人口，由此造成人均资源水平低，使得人口与资源矛盾突出，大大超出了我国社会经济负荷能力和生态系统承载能力。因此，保持适度人口十分重要。对于我国而言，要实现绿色发展必须要克服人口问题，因为人类社会再生产是物质资料的再生产和人本身的再生产的统一，两种再生产必须而且可以协调进行。此外，我国除了人口基数庞大，人口的分布也不均衡。自然条件、经济发展水平等社会、历史因素共同作用和限制着人口的分布。由于我国自然条件和地域

---

[1] 中华人民共和国生态环境部：《2019中国生态环境状况公报》，2020年6月。

经济发展的差异，导致不同地区人口分布不均衡状况凸显。我国东部地区地势低平，经济发达，人口、城市和工业密集，而西部地区则山地广布、少田缺水，人口稀疏。我国人口高度聚集于东部地区，这势必增大聚集成本，资源约束、生态危机、市场饱和、规模效益递减等问题接踵而至，所有这些都严重制约着我国的绿色发展。合理的人口分布可以促进良性的生态循环和社会经济发展，反之，不合理的人口分布会加重环境承载力，使发展不能持续。绿色发展就是要协调人口、资源和环境之间的关系，要将由于人口增长所带来的远期需求同资源和环境能够承受的水平统筹考虑，达到社会发展和环境保护的双赢。因此，必须在国家宏观调控和市场机制的共同作用下，优化人口和经济资源在空间上的配置，合理调节人口的分布。

四是我国的科技发展水平有待进一步提升。改革开放以来，我国科技水平的提升对绿色发展有着明显的促进作用，科学技术的发展和革新日益成为促进国家综合实力发展的主要推动力。通过科学技术可以实现资源的循环利用，从而促进人与自然的和谐发展，因此大力发展科学技术已成为各国绿色发展的共同战略抉择。我国的科技发展水平与发达国家相比还有很大的差距，并且与我国的经济社会发展的现实要求相比也相对滞后。虽然我国经济社会发展成就显著，不过长期积累的结构性矛盾和粗放型经济增长模式依然存在，我们面临的生态环境形势依然严峻，要通过科技创新才能得以改善。传统的经济发展方式明显不适应中国现代化的客观要求，绿色发展则是实现现代化的重要方式，而科学技术是中国实现现代化的依靠力量。通过科学技术可以实现少投入与多产出的高绩效生产方式、低排放与高利用的消费模式，助力形成生产发展、生活富裕、生态良好的新型工业化与城镇化道路。

二、我国绿色发展的历史进程

由于生态环境被破坏造成的后果通常是不可逆转的，所以以消耗生态财富来获取经济发展的方式是目光短浅的，西方国家所经历过的"先污染后治理"的途径已经被证明是不可行的。因此，为了避免重蹈覆辙，近几年我国高度重视绿色发展战略。在生态问题全球化的背景下，我国立足于本国国情，结合历史经验，运用马克思主义中蕴含的生态经济思想来指导我国进行生态文明建设，积极推进绿色发展战略的实施，从而确保经济社会的可持续发展。

新中国成立以来，早期的领导集体都十分关注环境保护问题，为后来的生态执政理念和生态战略决策打下了坚实基础。例如，以毛泽东为代表的党的第一代中央领导集体提出了"绿化祖国"方针，以邓小平为代表的党的第二代中央领导集体将环境保护上升为基本国策。

1992 年，我国政府将《中华人民共和国环境与发展报告》递交联合国环境与发展大会统筹委员会，在报告中总结回顾了我国在探索环境与可持续发展方面的过程和存在的问题，并就这些问题阐明了我国的基本立场和观点。1994 年 3 月，国务院编制并发布了《中国 21 世纪议程——中国 21 世纪人口、环境与发展白皮书》，该白皮书是全球首个在国家层面提出的可持续发展战略性文件，其内容涵盖了可持续发展总体战略、社会可持续发展、经济可持续发展、资源与环境的合理利用与保护四个主题，系统阐述了我国可持续发展整体的、长期的和有步骤的战略路线。1996 年，国务院制定了《中华人民共和国国民经济和社会发展"九五"计划和 2010 年远景目标纲要》，明确提出实施可持续发展战略，这一战略同科技兴国战略一起被确定为中国走向 21 世纪的两大国家战略。至此，绿色可持续发展战略在我国正式确立。

2002 年，党的十六大把"可持续发展能力不断增强，生态环境得到改善，资源利用效率显著提高，促进人与自然的和谐，推动整个社会走上生产发展、生活富裕、生态良好的文明发展之路"作为全面建设小康社会的四个目标之一。至此，我国的可持续发展战略又向着生态文明迈进新的一步。2007 年，"生态文明"出现在党的十七大报告中，提出将生态文明建设理念在全社会推进，并从国家层面进行生态文明建设。2012 年，党的十八大报告明确表明要大力推进生态文明建设，将"努力建设美丽中国，实现中华民族永续发展"写进报告，提出"着力推进绿色发展、循环发展、低碳发展"，将生态文明建设纳入"五位一体"总体布局中，这是对可持续发展战略的升华，对可持续发展提出了更新、更高的要求。

党的十八大之后，生态文明建设同经济建设、政治建设、文化建设和社会建设一道，共同形成了我国"五位一体"的总体发展布局。习近平总书记对我国的绿色发展作出了一系列重要指示，在十八届五中全会上提出了为实现绿色发展的一系列新举措，倡导绿色发展、创新发展、协调发展、开放发展、共享发展的五大发展理念，为适应新常态，全面推进我国的绿色化进程。2015年，"十三五"规划纲要提出坚持绿色发展，着力改善生态环境，坚持绿色富国、绿色惠民，为人民提供更多优质生态产品，推动形成绿色发展方式和生活方式，协同推进人民富裕、国家富强、中国美丽。党的第十九次全国代表大会指出，要加快生态文明体制改革，建设美丽中国，要牢固树立社会主义生态文明观，推动形成人与自然和谐发展现代化建设新格局，为保护生态环境作出我们这代人的努力。

三、新常态下的绿色发展

改革开放后的四十多年，我国经济增长模式具有高增长的突出特征，让国民生活水平增长了16倍，古今中外没有一个如此庞大的经济体能如此长期地以如此高的速度增长。我国经济正经历从以前的奇迹阶段到常规发展的转型时期，这将会带来增速放缓、通胀压力增加等问题，同时也会使收入分配优化、经济结构稳定、产业结构升级等等。党的十九大进一步明确指出"我国经济已由高速增长阶段转向高质量发展阶段"[①]，这意味着我国经济发展处在转变发展方式、优化经济结构、转换增长动力的攻坚期。在新常态下，经济增长不再简单以GDP论英雄，不再简单以发展速度论好坏，经济发展要聚焦于提高质量和效益，片面追求规模与速度的传统粗放型经济发展方式已难以为继，这既是挑战也是机遇。"新常态"是对当前我国经济发展阶段性特征的高度概括，这一阶段我国经济增长速度将不会像过去那样达到年均百分之十，而是会放缓回落至个位数的增长。从近几年国家统计

---

① 《中国共产党第十九次全国代表大会文件汇编》，人民出版社2017年版，第24页。

局公布的数据可以看出，我国GDP增速自2012年起开始放缓，2012—2019年我国GDP增速分别是7.7%、7.7%、7.4%、6.9%、6.7%、6.9%、6.6%和6.1%。这意味着我国经济正在从高速增长转变为中高速增长，与此同时经济构成也将提质升级，内在经济驱动因素将从要素、投资向创新力转变。即使经济增速放缓，但由于我国经济体量大，因此年均7%的增长依然可以带来巨大增量，所以我国GDP的绝对增量依然位居世界前列。总之，我国经济发展将会更加稳健，内驱力将会更加多样化，经济结构将会更加优化，发展前景将会更加明朗。

绿色发展必须是遵循自然规律的可持续发展，这是我们从无数经验教训中得出的必然结论，也是我国经济进入新常态的必然选择。改革开放以来，我国的经济发展速度和水平令世界惊叹，而在经济高速发展的背后却是生态资源的过度开发和环境质量的严重污染，这与我国多年以来依靠低成本的人口红利走粗放型发展之路有着密不可分的关系。在新常态下，我们认识到了过去发展方式的弊端，因此要改变以往的发展模式，走一条绿色发展之路。新常态下，由于经济结构的调整，更加强调生态环境保护，要求我们在维护绿水青山中打造金山银山，在共享发展的物质成果中共享发展的生态成果，这样的发展才是绿色的可持续发展，才是惠及当代、造福子孙的发展。

新常态之所以新，是因为它不同于以往的发展状态，它提出了新的发展要求和目标，旧的发展理念和发展方式已经被淘汰了。在从一种状态转向另一种新的状态时，常常需要一个适应和探索的过程。由于我们更加注重经济发展中的生态效益，必要的牺牲和适应是不可避免的。我们要理解新常态下经济增速放缓的新情况，无论是政府、市场、企业还是个人，都需要在新的发展理念下调整以往的生产和生活方式，这需要时间和努力。但是，只有我们做到坚持以绿色发展的理念指导我国的经济增长，通过生态财富的创造和绿色经济的发展，才能最终实现人与自然的和谐相处、生态效益和经济效益的双赢。在新常态下，绿色发展是改善民生的重要途径，能够满足人民群众对绿水青山等生态产品的需求，能够实现生产生态两手抓，生活生态齐改善。新常态下的绿色发展不仅仅是一种经济发展手段、一种发展方式、一种发展理念，它还是一种人类生存方式和生活模式。它不只是要求我们简单地实现诸如节能减排等各种所谓的数据和指标，也不仅仅在于缓解经济增长与资源支撑和环境承载之间的短期矛盾，更为重要的是要在增进经济社会发展的同时保护好人类赖以生存的环境、资源和气候条件，使人类的可持续发展得以实现。

综上所述，要实现我国新常态下的绿色发展必须坚持生态文明建设和科学发展观，把马克思、恩格斯的生态文明观念和我国的生态实际相结合，深入挖掘中国传统生态伦理思想，构建具有中国特色的绿色发展道路。生态文明是对工业文明的超越，是一种更加和谐的文明形态，而科学发展观和绿色发展观也是有机统一的，因此坚持生态文明建设和科学发展观才能更加科学地指导我国的绿色发展。我国的特色社会主义建设将生态文明建设纳入基本国策，力求建设资源节约型、环境友好型社会，追求经济效益和生态效益的双赢，从而让生态文明为绿色发展创造良好的社会氛围，这不仅具有重要的理论指导意义，也是现实诉求。因此，科学发展和生态文明建设作为中国特色社会主义理论体系的重要组成部分，既是发展中国特色社会主义的重要战略，也是实现我国绿色发展的关键。不可否认，我国目前出现的生态环境问题具有一定的历史必然性，但只要我们坚持中国特色社会主义建设，以积极的态度推进经济发展方式的绿色转型和生态文明建设，就能真正实现人与自然的和谐共处，实现建设美丽中国的中国梦。

第二节　绿色发展塑造生态文明新优势

一、绿色发展的内涵

在党的十八届五中全会上，习近平总书记提出了五大发展理念，即创新发展、协调发展、绿色发展、开放发展和共享发展，可以说，绿色发展与其他四大发展理念相互促进，而且是五大发展理念的主基调。十八届五中全会公报明确指出，坚持绿色发展，"必须坚持节约资源和

生态财富与绿色发展方式研究

保护环境的基本国策，坚持可持续发展，坚定走生产发展、生活富裕、生态良好的文明发展道路，加快建设资源节约型、环境友好型社会，形成人与自然和谐发展现代化建设新格局，推进美丽中国建设，为全球生态安全作出新贡献"[①]。

根据习近平总书记对绿色发展的论述，我们可以从以下几个方面来解读绿色发展的内涵：首先，绿色发展是可持续的均衡发展，即要在生态环境可承受的范围内进行生产和生活实践，使得生态财富得以良好循环，杜绝因为透支生态财富使其陷入再生陷阱；其次，绿色发展是一种循环节约的发展，即要高效节约地利用生态财富进行经济生产，通过对生态财富的循环再利用减少生产和生活的废弃物，实现生态系统和经济系统的良性互动；再次，绿色发展是低碳清洁的发展，即通过绿色科技创新大力发展清洁能源，通过节能减排来减少对生态环境的破坏，建立低碳环保的生产体系和生活方式；最后，绿色发展是安全的发展，即在发展过程中要注重国家的生态安全，防止其他国家对我国的生态财富进行剥削，要切实维护我国的生态系统的完整性、多样性和稳定性。

绿色发展的总体思路和目标在于构建经济、社会和生态环境三者永续协同发展的机制，实现生态财富的生产、分配、交换、消费环节的绿色化，即通过绿色生产、绿色分配、绿色消费等一系列绿色经济活动，促进我国发展方式的转型和经济结构的调整。我国的经济发展应以"绿色发展"为主题，将绿色经济的发展作为转变经济发展方式的主攻方向，把生态环境成本计入经济活动运行成本中，进而促进包括生态财富在内的其他资源得到和谐共融的发展。

基于对绿色发展的新认识以及发展绿色经济的新思路与新战略，我们要建立一套新的评价指标来衡量绿色发展的成效。在此，本书引用"经合组织（OECD）绿色增长指标体系"（见表8.1），从而简明扼要地阐述衡量绿色发展成效的各项基本指标。

---

① 《中共中央关于制定国民经济和社会发展第十三个五年规划的建议》，《人民日报》2015年11月4日。

表 8.1　OECD 绿色增长指标体系 [①]

1.环境和资源生产率	CO_2 排放量和能源的生产率 资源生产率：材料、营养物和水 全要素生产率（TFP）
2.自然资本	可再生资源存量：水、森林、渔业资源 不可再生资源存量：矿产资源 生物多样性和生态系统
3.环境质量对生活品质的影响	环境质量和环境风险 环境生态提供的自然修复与服务功能
4.经济增长机会和政策措施与响应	技术与创新 环境产品与服务 国际资金流动 价格和转移支付机制 技能与培训 政策法规与管理方式
5.社会经济发展的背景和特征	经济增长和经济结构 生产率 国际贸易 劳务市场、教育和收入 人口结构发展趋势

由此可见，绿色发展是一个综合、全面的发展体系，它涉及经济、社会、生态环境的方方面面，我们还可以通过一张体系图（见图 8.1）来更加充分理解绿色发展的内涵。

[①] 杨朝飞、［瑞典］里杰兰德主编：《中国绿色经济发展机制和政策创新研究综合报告》，中国环境科学出版社 2012 年版，第 26 页。

　　总之，绿色发展体现的是人类经济社会在发展过程中与生态环境的协调发展关系，在经济增长的同时使得生态效益同步增长，通过生产方式绿色化、生活方式绿色化和思想意识绿色化，走一条人与自然、人与人和谐共处的绿色发展之路。

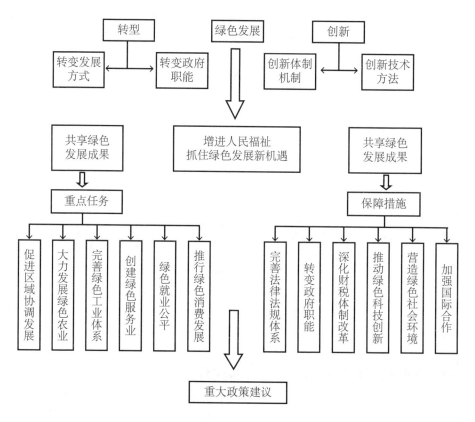

图 8.1　绿色发展总体框架设计 [①]

二、绿色发展实现绿色富国与绿色惠民

　　党的十八大以来，习近平总书记对绿色发展作出了一系列重要论述，而生态文明也成为中国特色社会主义的发展方向。"良好生态环境是最

① 杨朝飞、［瑞典］里杰兰德主编：《中国绿色经济发展机制和政策创新研究综合报告》，中国环境科学出版社 2012 年版，第 31 页。

公平的公共产品，是最普惠的民生福祉"，"生态兴则文明兴，生态衰则文明衰"，"我们既要绿水青山，也要金山银山。宁要绿水青山，不要金山银山，而且绿水青山就是金山银山"①，这些都是习近平总书记对我国生态文明建设和绿色发展作出的重要论述，为实现我国的永续发展提供了重要的理论指导。正如习近平总书记指出的，"绿色生态是最大财富、最大优势、最大品牌"②，绿水青山既是自然财富、生态财富，又是社会财富、经济财富。保护生态环境就是保护自然价值和增值自然资本，就是保护经济社会发展潜力和后劲，使绿水青山持续发挥生态效益、经济效益与社会效益。

绿色发展之所以能实现绿色富国与绿色惠民，原因如下：

首先，绿色发展是马克思主义生态思想在当今时代背景下的理论新发展。习近平总书记指出："人与自然是生命共同体。生态环境没有替代品，用之不觉，失之难存。"③绿色发展重在促进对自然认识的转变和人与自然的和谐相处，是对当下人与自然关系紧张对立和全球性生态危机理性反思的产物。绿色发展的意义在于，它正确定位了人与自然之间的关系，不仅为实践者们贡献了系统的思想理论，而且在如何转变经济发展方式、渐进推进经济社会转型方面起到了意义深远的推动作用。

其次，绿色发展是社会主义的本质要求，目的是协调经济、社会和生态环境三者之间的关系，立意高于资本主义发展观。回顾人类文明进程，工业文明时期的发展观源自资本主义工业发展时期，最终引发了环境危机；而绿色发展是生态文明下才有的革命性变化，它在生态危机成为全球性的发展困境时提出人、自然、社会协调发展的绿色发展理念，从理论上指导了人们如何去解决世界性的生态危机，同时在资源环境受到限制的大背景下对如何实现人类社会的发展问题贡献了新的观念。

---

① 中共中央文献研究室编：《习近平关于社会主义生态文明建设论述摘编》，中央文献出版社 2017 年版，第 4、6、21 页。

② 中共中央文献研究室编：《习近平关于社会主义生态文明建设论述摘编》，中央文献出版社 2017 年版，第 33 页。

③ 习近平：《推动我国生态文明建设迈上新台阶》，《求是》2019 年第 3 期。

最后，绿色发展是不同于以往的新的发展观。绿水青山是大自然赐给人类的生态财富，将生态财富转为经济发展的物质基础，将生态优势转为经济优势，从而创造更多的生态财富，这是一条源源不断的绿色财富创造之路。在我国建设美丽中国的新常态下，不仅追求物质和精神形式的财富，更要追求生态形式的财富，让更多的生态红利惠及广大人民。

总之，绿色发展不仅能够通过发展绿色经济创造更多的生态财富，还能让良好的生态环境成为人民生活质量的增长点。绿色发展与传统经济发展方式相比，其优势在于能够实现绿色富国、绿色惠民。生态财富和其他物质财富一样，都是能够给人类生存和发展带来质量提升的重要财富。而创造生态财富的方式，本身就是绿色发展的方式。因此，只有通过创造生态财富、发展绿色经济才能更好地实现我国生态文明建设的要求，才能够突出我国绿色发展的巨大优势。

具体说来，发展绿色经济可以从以下几个方面实现绿色富国和绿色惠民的承诺：

第一，绿色经济是在科学发展观的指导思想下，围绕绿色发展这一中心，以经济持续稳定发展并保持较快水平为前提，同时运用多种方法，包括法律手段、行政手段和市场手段，使经济发展方式向绿色型经济发展方式转变。绿色经济与常规经济发展方式相比，其资源和能源绩效有明显提升，其单位经济所产出的污染排放水平明显降低，其发展的内生动力明显增强。此外，绿色经济同时通过创新体制、机制和政策设计，激发市场活力，促进经济方式转型和产业结构调整，进一步增强技术在降低能耗中的作用，构建能够使经济绿色运行的绿色发展体系，提高经济发展的质量和效益，最终实现经济平稳、高效、低耗、低排、永续发展。更重要的是，发展绿色经济就是要让人民能充分享有绿色改革所带来的成果，造福广大人民群众。因此，把共享发展成果和增进人民福祉作为绿色经济发展的根本出发点和落脚点，是绿色发展的根本目标。

第二，绿色发展也是一种经济活动，其特征和目的就是发展。绿色经济是所有经济活动类型中的一种，把社会福祉最大化是其根本目标之一，它把促进财富产出和扩大经济效益作为其重要目标。绿色经济较之其他经济类型的最大区别就是注重发展的绩效，这种绩效不单是指资源的投入与产出的效率，更是指公共投入品的投入与产出，这些公共投入品包括资源、能源及环境，目标是以最低的投入得到最大的绩效产出。而且，绿色经济是可持续的经济发展方式，发展绿色经济就是要合理开发和利用生态系统提供的生态财富，在生态系统的阈限范围内实施生产。此外，绿色经济的发展是一个长期的过程，我们不可能在短时间内达到期望目标；这种过程也是一种量变到质变的累积过程，我们只有通过持续地在绿色经济上投入，才能最终实现绿色经济的绩效产出。也就是说，绿色经济的发展要从实际出发，切忌超越现实，要与现阶段国家与地方发展阶段的实际情况相匹配。因此，发展绿色经济要从国家和不同地域的客观现实出发，综合分析当地的各种资源分布、环境状况和发展潜力，发挥出最大优势，基于绿色发展规律，探索出符合当地条件的绿色发展新路子。

第三，绿色发展要实现绿色惠民，就要使得不同地区、不同群体、不同时代的人民都同等享受绿色发展带来的实惠，即绿色发展是公平的发展、全民的发展。也就是说，绿色发展一方面要强调区域之间的统筹协调，在不同的地域内要结合一定区域内的现实情况，制定和培养符合实际的发展目标和发展路径，并且明确不同区域的功能分区，实现各区域的统筹协调发展；而且，发展的公平与均等要在不同社会群体上得到体现，在发展中要兼顾不同性别、不同阶层及不同民族，使全民共同享有发展的成果，尤其要特别关注弱势阶层、少数民族和妇女的发展，让他们能够充分享受到发展带来的益处，共同进步。另一方面，绿色发展同时还要保证代际之间公平享有生态财富的权利，以不牺牲后代的利益为发展的前提，实现经济社会的可持续发展。

三、我国绿色发展引领世界走向生态文明新时代

在资本主义几百年的发展历程中，由于其无限制地追求利润导致生态系统被无情地掠夺，资本主义对生态系统欠下的生态债已经使得全球生态危机蔓延，并且造成了世界贫富的两极分化和当前不公正的世界政治经济秩序。据粗略统计，西方发达资本主义国家人口只占世界的25%

左右，但是却消耗了世界75%以上的能源，尤其是美国等国家，其每天所排放的二氧化碳占到了全球的三分之二。西方发达资本主义国家一直以来通过大量消耗生态财富发展经济，不仅对全球生态系统造成了不可逆的破坏，还通过成本外在化等手段对发展中国家实施生态剥削，这种转移本国生态危机的做法实际上对整个地球生态系统来说并没有不同，同样会造成全球生态危机。因此，生态危机不仅仅是生态环境问题，也是关系到全球社会公平正义的政治经济问题。在当今的政治经济格局下，发展中国家通常处于弱势地位，发达资本主义国家利用多种途径从发展中国家攫取利益。随着生态主义的广泛传播，发达资本主义国家利用其进一步进行生态帝国主义扩张，导致发达资本主义国家与发展中国家的贫富差距越来越大。在这样一种处境下，发展中国家想要照搬西方国家的发展模式只会使自身更加依附于后者，并且会陷入发达国家正在经历的经济、社会和生态危机。

纵观全球，大多数的发展中国家和我国有着相似的社会历史发展背景，都需要在当今激烈的国际经济竞争中找到适合自身发展的道路，目的都是为了获得国家经济的自力更生、社会的繁荣进步、生态的逐步改观。虽然很多第三世界的国家进行了艰辛的尝试，但要寻找到一条符合自身发展方式的道路对广大发展中国家而言是非常困难的。中国是全球最大的发展中国家，在社会经济等方方面面的建设上都取得了举世瞩目的成就，特别是在绿色发展的经验上，更加符合广大发展中国家的现实情况。这些成果的实现途径通常有别于西方的发展方式，从而对很多发展中国家而言非常具有吸引力和借鉴意义。中国在绿色发展道路上探索的成功经验与中国特色社会主义制度的巨大优势是分不开的。在当下的全球政治经济格局中，我国的绿色发展却逆势而上，没有依附于西方国家，并且与时俱进，在世界经济一体化的大潮下依然保持着自己的特色和独立性。因此，我国社会主义制度下的绿色发展方式对其他发展中国家探索绿色发展道路意义深远。

中国国土面积除了大量的西部高原和沙漠戈壁外，适于耕种的土地面积只占国土面积的12.5%，却能养活14亿多人口，表明中国在利用生态财富进行绿色发展上是处于世界领先地位的。从 1949 年到 2018 年，中国粮食总产量增长近 5 倍，人均产量翻一番；中国目前是最大的水稻和小麦生产国，水稻、小麦、玉米三大谷物自给率超过 95%；中国政府还划出 18 亿亩耕地红线以保证耕地面积不被非法侵占；1978 年到 2018 年，科技进步对农业增长的贡献率从 27% 提高到 58.3%，杂交稻比常规稻增产 20% 左右，每年增产的粮食可养活 7000 万人，中国粮食单位面积产量是 1949 年的 5 倍；2004 年以来，每年年初发布的中央一号文件都与农业生产有关，通过全面深化改革激发乡村发展活力。[①]20 世纪 50 年代，我国对个体农业全面进行社会主义改造，政府对生态财富实行国家所有制，有计划地开展了利用生态财富进行的诸如高效农业、能源开发、水利改造等经济活动，为世界提供了绿色发展的经验，并形成了中国特色社会主义绿色发展方式。简言之，作为发展中国家的中国为其他发展中国家作出了榜样，使得它们能够不再受制于西方国家，而是结合本国国情走出一条新的绿色发展之路，这具有重要的世界意义。

虽然发达资本主义国家不断以各种途径进行扩张，但中国的社会主义绿色发展之路仍然走出了自身的特点，形成了一套异于资本主义价值取向的发展模式。这种发展模式基于人和自然和谐共融的价值取向，以寻求很好地解决资本主义所带来的生态危机。我国的社会主义绿色发展方式是一种有益的探索，对于在国际上塑造良好的社会主义国家形象有着重要而积极的作用。从这些丰硕的成果中，社会主义的建设者们在现实中证明了社会主义的生态财富创造和分配是为了解放和发展生产力，为了消灭剥削、消除两极分化，根本目的是为了实现共同富裕。这些都是资本主义制度所不可企及的，因而能号召全世界认同社会主义绿色发展道路，并且激发他们加入到绿色发展的道路上来。

中国之所以能够作为世界绿色发展的引领者，是由我国日益强大的经济实力并坚持社会主义道路作为支撑的，因此我们才能在短短几十

---

① 新华社：《养活 14 亿人，中国为什么能？》，2019 年 9 月 16 日，见 http://www.xinhuanet.com/politics/2019-09/16/c_1125001961.htm?ivk_sa=1024320u。

年间，在我国辽阔的地理空间与庞大的人口规模下走出一条绿色发展新道路，我国迄今为止所取得的巨大成功已经强有力地证明了这一点。当解决生态危机这一重大命题摆在面前，中国有实力成为领导力量去批判资本主义的解决方式，并力图去构建基于生态规律的绿色制度，也就是生态社会主义制度。这个制度以马克思主义政治经济学和社会主义理论为指导，不盲目追求经济利益，而是以追求生态效益为核心价值，旨在维护全球的生态平衡。这就需要与社会主义相结合，构建一个以生态财富公有制为主体，实现生态财富绿色生产、公平分配和绿色消费的社会，试图以一种能代表人类长远利益的新理念来建立绿色的发展方式，这是我国特色社会主义绿色发展方式针对当下世界性生态危机给出的现实答案。

总之，绿色发展方式将成为引领世界走向生态文明的重要价值观，它是以我国社会主义核心价值体系为基本价值取向衍生出的绿色价值观，以引领世界的生态治理进程，让社会主义绿色价值观破除国家、种族、宗教、意识形态及经济发展水平的限制，得到世界人民的认同并践行。绿色发展摒弃了人和自然对立的思维模式、刷新了人们对发展方式认知的基点，将单纯的生态环境问题上升到全人类的生存与发展的高度，使人类发展进入到生态文明阶段，实现发展的绿色化。今天，我们要站在全球视野下，通过包容互鉴和相互促进等方式，促进社会主义绿色发展道路在国际上成为新时代的标杆，在当今以资本主义为主导的全球格局下把世界带领到生态社会主义的道路上来，引领世界各国人民走向生态文明的新时代。

第三节　多渠道推动形成我国绿色发展方式

一、树立绿色文化以引领绿色发展

著名的生态思想家唐纳德·沃斯特说："今天所面临的全球性生态危机，起因不在于生态系统本身，而在于我们的文化系统。要度过这一危机，必须尽可能清楚地理解我们的文化对自然的影响。"[①] 前面我们已经反复论证过，生态环境问题的更深层次原因在于西方资本主义文化，那是一种统治者的文化，是以追求物质利益为中心的文化。因此，资本主义文化允许人去征服其他的人和物，剥夺生态财富也是被允许的，甚至鼓励人占有、控制和征服自然，这种文化建立在对自然界的无限扩张、索取和驾驭之上，过分强调人类需求而忽略了自然本身所能承受的能力。与其相反的是，中国传统文化蕴含着丰富的生态价值取向，是一种强调人与自然和谐相处的文化。中国传统文化在对待自然的态度上，主张适度利用生态资源，从整体和长远的角度看待人与自然的共生性。生态系统为人类提供了丰富的财富，满足人自身的生存和发展需求，而且生态财富也具有使用价值、经济价值、审美价值等多方面价值，理应得到人类的重视。因此，绿色发展应摒弃西方文化以物为本的理念，建立以人为本和以生态为本的绿色文化思想。

目前，全球生态环境治理及经济发展机制主要是在西方工业文化话语权的主导下构建和运行的，在应对生态危机的实践中表现出先天不足与本质缺陷。既然社会文化的价值观念取向是诱发生态环境问题的重要原因，那么生态治理从本质上说就是人类自身文化的发展问题，想要解决生态问题、实现绿色发展，就要对价值观进行反思。正所谓文化是形成价值观的关键，取舍是在价值观中形成的，并在价值观之间建立层次结构[②]；而文化是社会利用世代积累的智慧形成的一种价值观、感知和行为方式的概括，不同的文化对于人与自然之间的关系有着不同的诠释。因此，绿色发展需要在一定的文化指引下才能得以实现。我们选择了什么样的文化，它就会体现出相应的发展机制，因此我们需要一种有别于西方资本主义理念的新文化，而中国特色社会主义绿色文化就是这样一种价值体系。

---

① 转引自胡志红：《西方生态批评研究》，中国社会科学出版社 2006 年版，第 7 页。
② Mircea Malitza, *Culture and the New World Order*, Paris：The UNESCO Press, 1976, P.98.

生态财富与绿色发展方式研究

中国文化中蕴含了人与自然关系的共生共荣，蕴含着丰富的生态理念，对人类生态危机的化解和经济社会的发展方式提供了有益的思考。我国自古以来就有许多关于人与自然和谐相处的思想，如"德及禽兽""泽及草木""恩及于土""大德曰生"等等[①]，这些传统思想都与今天的绿色发展理念息息相关、不谋而合，可以说它们是引领绿色发展的文化根基。举例来说，"川竭国亡"或者是"河竭国亡"就表达了自然生态的良好运转对于一个国家长治久安的重要意义。山川河流本身是导气的，所以应该保障其正常的运转，如果人为地截断了这股自然之气，导致河流干涸，就会影响一个国家的生存，甚至带来亡国的严重后果。由此可见，我国的古代思想家们非常重视以自然环境为前提的可持续发展思想，认为如果一个国家失去了环境这个大前提，便会失去发展的根本。

自春秋战国时期开始，我国就有了"天人之辩"的哲学性争论。"天人之辩"，就是指对"天道"与"人道"、"自然"与"人为"之间关系的辩论。在百家争鸣的氛围之下，各路思潮代表都发表了自己的观点，比如老子就指出"天之道，损有余而补不足；人之道则不然，损不足以奉有余"，换言之，就是人需要尊崇自然、忠于自然等等。后来的儒家学派正是汲取并升华了这些思想，形成了"天人合一"的概念。在儒家思想之中，"天人合一"的理念定义了人和自然的关系应该存在的状态，并由此衍生和丰富了儒家思想"和"的内涵，形成了儒家的生态平衡观。在儒家思想中"天"和"人"是一个和谐的统一体，人和自然皆为"气"。人"禀受天地之气"而生，是大自然的一部分，同万物一样，会受到天地间规律的作用，所以需要"法天地之则"。"天人合一"的生态内涵就是人应顺应自然，遵从自然规律，与自然和谐相处，协同发展。因此，我们想要实现自然生态与人类社会的绿色发展，必须要重新认识人在自然中的地位以及自然在人类社会中的地位，重新认识人与自然的关系，彻底改变人类中心主义的错

---

① 乔清举:《泽及草木　恩至水土——儒家生态文化》,山东教育出版社2011年版,第1—3页。

误价值导向，树立人类社会存在于自然中、自然亦存在于人类社会中的"天人合一"绿色价值观。

绿色发展是人类社会的一种生存方式，决定人类生存方式的因素分为主观和客观两种。主观因素就是指文化，它包括各种价值观和社会制度等；客观因素就是指生态，即土地、山川、物种、气候等各种自然形态。假若一种价值观不能充分认识到人类存在会受到自然环境因素制约的话，那么这套理论注定不完整，同时也是不深刻的。近代西方资本主义文化就没有认识到这一点，这是它的巨大缺陷。人类只要生存在地球上，就意味着其生存必须要依靠地球的生态系统。生态是一个天然地包含人类应该如何存在的价值规范词汇，而在中国传统文化中，尤其是儒家文化中，"天人合一"这一基本价值观奠定了人与自然和谐共处的生存方式。人与自然既然是不可分割的一个整体，那自然界中的一切事物都是人类的命运共同体，只有在尊重自然的前提下，才能够保证人自身的生存与发展。因此，在人们苦苦探求的人类的存在方式问题上，如今我们应关注东方哲学所蕴含的道理，特别是中国传统文化中所包含的智慧思想。

要实现绿色发展，必须要有绿色文化作为指引，而此绿色文化正是建立在我国传统文化基础上的绿色发展观。如今，常青树就是摇钱树，把生态优势变为经济优势，绿水青山可以源源不断地带来金山银山，保护生态环境就是保护生产力，改善生态环境就是发展生产力，这些理念得到了越来越多的实践验证和民意认同。因此，将我国的传统文化价值观与当下的绿色发展观结合起来，就可以用来指导我国的绿色发展。具体说来，绿色发展观主要有以下几个方面的要求：首先，从思想意识层面来看，绿色发展观颠覆了将人与自然对立为两级的主客二分思维定式，也否定了极端的人类中心主义观和生态中心主义观，坚持将以人为本和以生态为本有机统一起来，它将人与生态视为统一整体，要求人类在实践活动中尊重自然规律，实现社会发展和生态平衡的统一。其次，绿色发展观强调生产方式、生活方式的绿色化和生态化，这就要求转变传统粗放的经济增长方式，用新的、可持续的绿色发展方式代替传统的"黑色发展"道路，实现绿色惠民、绿色富国。最后，绿色发展观和社会主义追求的目标是一致的，都以实现人的全面自由发展为目标。因此，绿色发展方式从本质上与资本主义基本制度是矛盾对立的，它不以牺牲人的自由发展为代价来追求经济利润，而是鼓励人通过发挥主观能动性、通过劳动获取自身发展的需求，追求生态环境和经济发展的良性互动，最终实现人的全面发展。

总之，绿色发展观作为指引我国绿色发展的重要意识形态，要求坚持以人为本与以生态为本相统一，通过低消耗、低排放、合理消费和生态财富的增加，达成人、社会与自然的和谐统一，最终实现人的全面发展。它是关于什么是绿色发展、如何实现绿色发展的理论体系，是一种既要人类社会持续发展，又要建设生态运行有序和生态环境良好的发展观。绿色发展观是马克思主义生态思想与当今世界各国在发展方式上的实践的结合，是从根本上解决普遍生态问题的理论思想，是科学发展观在生态问题上的理论新成果。绿色发展观直接回应的是"怎样实现科学发展"这一历史性命题，对于正处在发展转型时期的中国以及世界各国具有特殊性的及普遍适用性的深远意义。因此，要实现绿色发展，必须要有绿色文化的指引，这样才能保证发展的过程、发展的方向始终是绿色的、生态的。

二、协调绿色关系以促进绿色发展

在绿色文化的指引下，我们在绿色发展的过程中才能形成和谐的绿色关系，从而保证我国平稳、顺畅地进行经济社会的绿色转型，为建设美丽中国营造良好氛围。具体说来，实现绿色发展需要处理好以下几组关系：

第一，处理好经济效益与生态效益的关系。在处理生态环境保护和经济增长的关系上，有两种极端的看法：一种是以人类中心主义为代表，认为人可以主宰自然，可以任意改造和征服自然，把无限制地攫取自然资源作为经济增长的前提，为了获取最大利润而不惜牺牲生态系统的保护，造成了生态失衡和生态效益的缺失，从而加剧了经济需求的无限性和生态供给有限性之间的矛盾；另一种是以生态中心主义为代表，认为人类现在不要再进行社会生产和经济发展，要保持自然原本的模样，这种倾向为了保持生态的平衡而不惜牺牲社会经济的发展，只强调生态效益而忽视经济效益。这两种思想都陷入了片面与极端的误区，都不能为我国生态文明建设提供科学的指导，只有马克思主义生态观能帮助我们处理生态建设和经济发展的关系，避免造成经济发展和生态保护之间的矛盾。

马克思认为研究历史关系和社会关系的前提条件是要把人与自然的关系摆在一切历史活动的首位，这是因为：一方面，人是生态系统中的一员，人的生存与发展同其他动植物一样依赖于生态系统提供的物质基础和服务，人的一切实践活动必然要受到自然客观规律的约束和限制，所以人无论如何发挥主观能动性都不能脱离生态系统的范围；另一方面，人是有意识的、能动存在的，人类能通过主观劳动改造自然，也就是说虽然生态系统给人类的生存发展提供了可能性，但把这个可能变为现实只能靠人类的劳动。简言之，人与自然的辩证关系在于生态系统提供人类社会存在和发展的自然条件，这是人类社会存在和发展的基础，但人的主观能动性又决定着人会反作用于自然界，使自然界变成能够适合于人类生存和发展的世界。人的生产活动实际上就是人类通过劳动，将生态财富纳入人类经济系统的生产实践中，从而生产出更多的财富。因此人类的经济活动离不开生态系统的物质支持，人类必须严格遵循自然规律，保持生态系统的平衡，否则就是破坏自身生存发展的基础条件。所以，想要实现人和自然的和谐相处、经济和生态的协调发展，就一定要充分认识人与自然的辩证关系。

在人与自然和谐相处的基础上，我们再谈经济生态的协调发展就变得顺理成章了。首先，我们要充分认识到经济效益和生态效益在生产劳动过程中的共生关系。在生产实践活动中，不仅会产生一定的经济效益，同时还会产出一定的生态效益，无论这个生态效益是正是负，总之与生态环境无关的纯经济活动是不存在的。一方面，人类通过从生态系统中获取自然资源，并且通过人类的劳动生产出对人类有用的使用价值和经济价值，即一定的经济效益；另一方面，人们消耗自然资源后，又把一些经济效益产生的成果再输回到生态系统中去，进而对整个生态系统的平衡造成某种影响，而这种影响又会反过来作用于人的生活和生产环境，即产生一定的生态效益[①]。所以，从整个生态经济系统来看，经济效益和生态效益是共生的，并且是相互影响、相互作用的。其次，在认识到经济效益和生态效益的共生关系后，我们要做的就是努力追求两者的协调发展。按照生态经济学的观点，生态效益是经济效益的基础，"没有人类社会赖以生存的自然环境和物质生产的自然基础，就不可能存在任何的经济现象"[②]。所以，人类在进行经济活动时，必须把经济社会的运行和发展建立在生态系统良性循环的基础上，这样人类才能源源不断地获得物质生产资料。同时，人类在改造自然的时候必须遵循生态系统的客观规律，并运用一定的科技手段来减少对生态环境的破坏，使生态效益最大化。一般说来，在给定劳动投入时间和技术水平的情况下，如果带给生态系统的影响是有利于生态系统的良好运行和生态平衡水平提高的，且能给人们的生活环境和生产条件带来改善，那么这样的生态效益就是好的；反之，如果给生态系统造成的影响对生态平衡起的是破坏作用，并且恶化了人们的生活环境和生产条件，那么这样的生态效益就是差的。生态条件越优良，经济活动产生的效益就越持续。因此，只有在社会生产过程中兼顾经济效益与生态效益，才能缩小生态环境与经济发展之间的矛盾，实现经济社会和生态自然的双赢。

第二，处理好经济发展与社会和谐的关系。经济发展和社会和谐是相互影响、有机统一、和谐共生的关系。一方面，经济的发展需要有和谐的社会氛围，这样经济发展才能在一个良好的社会环境中进行；另一方面，经济的发展也为社会和谐保驾护航，只有通过发展经济才能为社会和谐提供坚实的物质基础。因此，在实现我国绿色发展的过程中，我们必须处理好经济发展和社会和谐的关系，协调各种利益冲突，创造一

---

① 许涤新：《生态经济学》，浙江人民出版社 1987 年版，第 169 页。
② 许涤新：《生态经济学》，浙江人民出版社 1987 年版，第 68 页。

个和谐环境为长期和稳定的经济发展奠定基础。

在我国的经济社会发展过程中，随着改革的不断深化，社会冲突也日益复杂，所有不和谐的因素可归结为三个方面：人与自然之间的矛盾，人与人之间的矛盾和国与国之间的矛盾。处理好这三个矛盾，也就能保证我国经济社会的绿色可持续发展。人与自然的矛盾问题前面已做论述，下面将重点关注人与人的矛盾和国与国的矛盾。

改革开放以来，我国的经济呈现出高速发展的繁荣状态，然而由于人口增长和资源短缺，加上我国改革初期是采取由易至难，采取从东部沿海发达地区逐步推进到中西部地区的方法，让一部分人先富起来，就无可避免地出现了人与人之间的各种利益冲突。这些冲突主要体现在差距方面，如社会分配不公、劳资关系不平衡、贫富差距、城乡差距、行业差距等等。当这些差距逐步拉大时，无疑会影响我国经济建设的顺利进行，同时还会埋下各种影响社会和谐的隐患，最终阻碍国家的绿色可持续发展。

除了我国内部出现的影响社会和谐稳定的以上因素，我国的经济发展也不可避免地受到外部环境的制约，即国家与国家之间的矛盾。中国自改革开放以后经济、政治、军事等综合实力逐渐崛起，然而"中国崛起"却被许多国家认为是"中国威胁"，他们认为中国的崛起会影响和威胁到本国的利益，便试图通过这种舆论减缓中国的发展速度或在国际社会中孤立中国、遏制中国的发展。西方国家的这些论调实质是败坏中国形象，干扰人们看好中国，恶化中国的国际环境，企图扼制中国崛起，延缓中国的发展，这无疑给我国的经济发展制造了恶性的外部环境，成为影响我国绿色发展的又一障碍。

因此，我国如今想要在巩固已取得的成果的基础上实现绿色发展，必须努力维护社会的和谐稳定，在继续深化改革的同时，要尽力调整各种社会关系，解决各种利益冲突，以一个负责任的大国的姿态屹立于国际舞台。在积极推进经济发展的过程中，使发展成果公平地让全体人民所享有；在维护社会和谐发展的过程中，处理好经济和社会、城市和乡村、东中西部不同区域、人和自然、国内发展和对外开放等关系，努力构建一个绿色发展、良性互动的和谐社会。

第三，处理好效率与公平的关系。绿色发展的一个重要原则就是公平。公平一方面体现在同代人之间、代际之间公平使用、公平分配生态财富的权利；另一方面体现在发展机会的平等，即不同地区同代人之间的公平发展机会以及不同代人之间的公平发展机会。任何人的发展都不能以牺牲他人发展的机会为前提，无论是哪个地区的人，或是哪一代的人，都有享受他们所在空间的自然资源和社会财富的平等权利，他们应该有相同的生存和发展的权利。因此，绿色发展强调要给各国、各地区的人、世世代代的人以平等的发展权。

具体到我国实际情况，这就要求我们在更加注重公平的基础上，也不能忽略效率，只有处理好两者的关系，才能真正做到绿色发展。公平是社会发展过程中某一历史阶段的产物，其意义在于强调经济活动的规则、权利、机会和结果等方面的平等和合理，它是一种调节社会关系和财富分配关系的规范，同时又受制于一个国家特定的社会经济结构、政治结构和文化结构。所谓效率，指的是投入与产出或成本与收益的对比关系。效率与公平不仅息息相关，而且相互促进和影响。一方面，效率是公平得以实现的基础，是其物质条件和来源。效率主要体现在生产力和经济的发展上，如果没有经济发展作为坚实的物质基础，没有效率的提高和财富的增加，很难实现真正意义上的公平，因为没有蛋糕又何谈分蛋糕呢？另一方面，公平是效率的保障，没有公平就无法确保效率。如果没有公平的社会条件，想在经济领域实现发展和提高效率是十分困难的，一个公平的制度会使生产关系更为合理，更有利于生产力的发展，从而提高经济效率。因此，提高效率和增加物质财富、促进社会公平正义都是我们追求的目标，这两者相辅相成、密不可分。

我国在建设社会主义绿色发展的过程中，一直都十分注重公平与效率的关系。党的十八大报告中对公平与效率是这样阐述的："提高居民收入在国民收入分配中的比重，提高劳动报酬在初次分配中的比重。初次分配和再分配都要兼顾效率和公平，再分配更加注重公平。"加快收入分配改革，应以一次分配为主，二次分配为补充。二次分配中，可以通过税收调控，来补贴低收入人群，实现公平和效率。我国要充分发挥社会主义国家的宏观调控能力，通过合理规划国民收入分配格局，缩小收入、财富分配差距，使得发展成果更多、更公平地惠及全体人民，逐步实现共同富裕。这不仅是保障我国绿色发展的重要前提，也是我们建设中国特色社会主义的重要目标，即实现人民的共同富裕。因此，处理好公平与效率的关系十分重要。

第四，处理好节约与消费的关系。西方发达资本主义国家为了维持经济的高增长和生活的高消费，造成了异化需求和异化消费，且不断地掠夺生态财富，导致了生态危机的蔓延。所以，要解决当代资本主义的生态危机，必须"从马克思关于资本主义生产本质的见解出发，努力揭示生产、消费、人的需求、商品和环境之间的关系"[1]。也就是说，生态危机的解决要从根源上改变资本主义把满足和幸福等同于对商品的占有和消费的消费主义价值观，重建马克思主义的需求理论，重新定义财富和幸福之间的关系，通过克服异化消费正确处理好节约与消费的关系。要摆脱异化消费和异化需求，这就要求我们改变表达需要和满足需要的方式，在消费领域以外的其他活动领域中寻找人的满足感和幸福感。人可以在生产领域中寻找满足感和幸福感，通过劳动使一切个人的劳动时间和自由时间得到真正的满足，如此一来，人们的幸福标准将得以重新建立，并不以经济的增长或下降来衡量经济形势，而是重新配置资源和改变社会政策的方向，使消费不再是满足需求的唯一方式[2]。

在理性处理节约与消费的关系时，我们要认识到节约绝不是禁欲，节约是为了更好地发展。节约是由人类面临资源短缺的客观条件决定的，我们必须对稀缺性资源合理和充分地使用，绝不浪费。因此，处理好节约与消费的关系，需要建立节约型消费模式。节约型消费模式具有生态

---

[1]　［加］本·阿格尔：《西方马克思主义概论》，慎之等译，中国人民大学出版社1991年版，第486页。

[2]　杜秀娟：《马克思主义生态哲学思想历史发展研究》，北京师范大学出版社2011年版，第121页。

性、集约性、整体性、发展性等特征①，而这正是实现经济发展方式绿色转型所要求的。具体来说，节约型消费模式有以下几个特征：首先，节约型消费模式的基本前提是建立在稀缺资源的基础上，所以它注定要考虑生态财富的有效配置和充分利用的问题，即在生产和消费的过程中，生产者和消费者在满足自身需求的同时，要将生态财富的使用效率发挥到最高水平，以节约资源提高效率，保持生态系统的良性循环。其次，与传统的节约节俭的消费模式不同，节约型消费并非禁止消费，而是力求在获得相同效用水平的情况下，尽量减少资源的消耗和损失，密切关注如何提高资源使用效率，用最少的资源来创造更多的财富，以满足更大的消费需求。最后，根据绿色发展观的要求，节约型消费模式并不是一个静态的模式，它还要考虑长期效应和动态调整，追求人与自然的和谐，以满足自己的需求和后代的需要。总之，我们要正确认识节约与消费之间的关系，要充分认识到消费活动与自然资源消耗、生态环境质量、经济社会发展以及人类长远生存发展之间的辩证关系，在此基础上倡导合理、适度、绿色的消费理念和消费文化，从而合理刺激与引导社会再生产的扩大和进行，促进人与自然的和谐共生，实现经济社会以及人类自身的绿色可持续发展。

三、加强国际协作推动绿色发展

要实现我国的绿色发展，还必须大力加强国际合作。绿色发展是一种开放的发展、共享的发展，在经济全球化的今天，绿色发展离不开全世界各个国家的协调与合作。生态问题已成为全人类为求生存必须要共同解决的问题，而国际生态合作就是一种为国际社会成员减少治理成本的有益尝试。生态问题已上升到社会、政治层面，世界上不同的政治主体应携手应对，在国与国、政府与政府间形成合力，共同应对生态危机问题，实现全人类的绿色发展。

联合国环境规划署提出世界环境治理机制涵盖三个必要的方面：一

---

① 陶开宇：《以节约型消费模式扩大两型社会需求》，《湖南商学院学报》2009年第4期。

是多边进程；二是多边环境协议；三是进行世界环境治理所需的资金机制①。全球环境政治的标准始于国家间的边界，由于空气污染等许多环境现象会轻而易举地跨越国界，它们不受一国政府的司法控制，所以很多全球性的生态问题只能通过政府间的协商和联合行动才能解决。通过经济学、政治学等学科知识运用于国家间的"讨价还价"，最终会签署解决这些跨界难题并符合所有签约方利益的协议。尽管这些协议中可能存在着某种程度的不公平，但它们的目标符合全球的共同利益。具体说来，我们可以从以下三个方面来加强国际协作实现绿色发展：

第一，国际绿色合作是建立在生态利益的前提上的，各国共同的生态利益是开展多边国际绿色合作和建立多边绿色合作机制的基础。由于生态财富具有全球公共性的特征，也就是说，所有国家的生态利益都是相互依存的，只有放弃单独的决策与行为，才能保障自身的生态利益以及规避生态损失。因此，各国必须认识到彼此有着共同的生态利益，而且只有通过合作才能实现生态治理的共同受益，使每个参与合作的国家都能成为生态治理的受益者。无论是发达国家还是发展中国家，每个国家的生态利益在本质上都是平等的，没有一个国家可以通过损害全球利益去实现自己利益的最大化；每个国家的利益和全球的利益是一致的，每个国家都应该努力实现本国生态治理的目标，得到的结果也是全球生态治理成果的最大化。

第二，在加强国际合作方面，除了行之有效的制度以外，还需要构建一个多层次的合作体系，从个人向上拓展到全球，形成个人—地区—国家—国际—全球的一个多层次的绿色发展共同体。从宏观层面来说，绿色发展的主体从上至下大致可以分为四层，即超国家组织(如联合国)、区域性组织(如欧盟等)、跨国组织和主权国家，由此构成从全球范围到具体地域范围的多层级参与主体，从而相互联系构成一个全球的绿色发展体系。只有打破传统国家界限，通过鼓励不同类型的主体参与到绿色发展进程中，才能尽可能地覆盖全球的各个角落，最终为实现全人类共

① 靳利华：《生态与当代国际政治》，南开大学出版社 2014 年版，第 277 页。

同的生态利益和绿色发展而努力。

第三，加强国际绿色合作，还必须坚持绿色正义，这是确保绿色发展成功的重要因素。坚持绿色正义，就是要在时间上实现发展的代际公平，在空间上强调不同地区、不同国家的公民都享有全球生态财富的平等权利，使得绿色正义的价值取向超越国家而追求全人类的共同生存权益，建立一种新的绿色生态文明。坚持绿色正义是应对生态危机的基本价值原则，倡导绿色发展方式是建立生态文明的重要途径，只有从全球范围的横向和人类代际的纵向着眼来构建绿色发展体系，才能真正实现全球的生态治理和绿色发展。

第四节 供给侧结构性改革推动我国发展方式绿色转型

推进供给侧结构性改革，是适应和引领经济发展新常态的重大创新，是推动我国经济实现高质量发展的必然要求。习近平同志在 2015 年 11 月初的中央财经领导小组第十一次会议上首次提出"供给侧结构性改革"，指出"在适度扩大总需求的同时，着力加强供给侧结构性改革，着力提高供给体系质量和效率，增强经济持续增长动力，推动我国社会生产力水平实现整体跃升"①。供给侧结构性改革是我们转变发展方式的重要内容，对于我们扩大绿色有效供给、调整供给结构有着重要作用。

一、发展循环经济和低碳经济扩大绿色供给

供给侧结构性改革的一项重要任务就是扩大有效供给，所谓有效供给在笔者看来就是绿色供给，因为传统粗放型经济发展方式所提供的"黑色"供给是低效的，尽管它在一定程度上能促进物质财富的增长。扩大

---

① 中共中央文献研究室编：《习近平关于社会主义经济建设论述摘编》，中央文献出版社 2017 年版，第 87 页。

第八章　构建中国特色社会主义绿色发展方式

绿色供给不仅是供给侧结构性改革的一个重要方面，也是发展方式绿色转型的重要任务之一。我们可以从以下两个方面实现扩大绿色供给的改革目标：

第一，大力发展循环经济，实现"黑色"供给向"绿色"供给的转变。进行供给侧结构性改革和发展方式的转型，并不是简单地关闭高污染的传统产业，而是应该通过对其进行技术改造以减少污染的排放，从而使更多的传统产业加入到绿色生产的行列中来。例如，在传统的造纸产业中，不仅会大量消耗木材来进行生产，而且污水的排放也十分严重，这是典型的"黑色"供给。若要实现造纸产业从低效、重污染到高效、轻污染的转变，发展循环经济就是最好的解决办法。循环经济强调的就是对资源进行循环利用，以减少资源的消耗和浪费。若我们能通过废纸回收，并改进造纸的生产技术，利用已回收的废纸进行再生纸的生产，就可以减少对木材的需求和环境污染，实现真正的绿色供给。

从本质上看，循环经济就是生态经济，也可称为绿色经济，它是生态经济的一种实践形式。循环经济通过对资源的合理利用，以达到低消耗、低排放和高效率的目的，实现经济和生态共同发展的最优目标，从而保证经济系统和生态系统的良性循环。发展循环经济可以说是生态财富不断循环并不断增加的过程，一方面我们利用最少的生态财富创造更多的生态财富，另一方面我们又将新增的生态财富再次投入到生产过程中，如此循环往复地利用生态财富，才能使生态财富的生产拥有源源不断的动力。大力发展循环经济，通过减量化和循环节能生产，不仅能够有效缓解我国传统产业高耗低效、污染严重的情况，还能通过扩大绿色供给实现供给侧结构性改革的重要目标，以最小的资源损耗实现最大的产出效益，实现我国发展方式的绿色转型和经济社会的永续发展。

第二，大力发展低碳经济，增加新兴产业的绿色供给。进行供给侧结构性改革不仅要对传统产业进行技术升级，还要通过技术创新以培育新兴绿色产业，从而增加新的绿色供给，实现经济发展方式的绿色转型。例如，传统的发电产业多建立在燃烧煤炭等化石能源的基础上，不仅会浪费大量不可再生资源，还会排放大量二氧化碳，致使气候变暖。

然而，若是我们通过技术创新，研发新的发电方式，如太阳能、风能发电等，不仅有取之不尽的能源，还能做到低碳发电，真正实现发电产业的绿色供给。

对于我国来说，发展低碳经济是应对国际挑战和实现绿色发展的重要途径。2008年金融危机后，世界各国纷纷以低碳经济作为经济增长的新突破口，有的国家甚至为保护"碳技术"设立了"碳关税"。我国长久以来生产的大量商品都是低附加值、高碳的，而缺少高端绿色产品的供给。而且，我国目前主要的出口产品还是资源密集型和能源密集型产品，对能源和资源的消耗特别大，而发达国家正在利用这种新的"绿色壁垒"打压中国经济，遏制中国经济的发展。因此，供给侧结构性改革过程中，我们要大力发展绿色低碳产业，从而提升我国供给高附加值、低碳产品的能力，通过发展低碳经济抓住低碳革命的历史机遇，参与到新的国际规则的制定中，实现我国经济发展方式的转变。并且，大力发展低碳经济，不仅能够为我国经济的绿色发展提供源源不断的动力，还能够改变我国的排放结构，减少废气、污水和垃圾的排放，从动力结构和排放结构两个方面满足我国供给侧结构性改革的要求，实现我国经济发展的绿色供给。

具体说来，发展低碳经济主要有两大要素：一是确定碳价格，二是技术创新。从生态经济学的观点来看，温室气体的排放主体不但引发了气候变化，还把应对气候变化所需的费用推给世界和后代，而不去面对自己的行动所产生的结果，因此确切地设定碳价格，可以通过碳交易制度等形式让排放主体承担自己的行动所产生的社会性费用。更为重要的是，一旦设定碳价格，市场会对其作出最直接的反应，即驱使企业和金融机构的投资从碳集约型的商品和服务转向低碳型的商品和服务。也就是说，通过价格杠杆的调节，提高低碳商品和服务的竞争优势，迫使高碳型产业退出市场。另外，只有在科技创新、项目研发应用等多领域都进行低碳技术的研究开发和创新，才可能实现大规模减排的目标。对于碳技术的研发，政府的直接投资是很重要的激励机制，因为在低碳技术的应用初期，成本与传统高碳技术相比会较高，这就会让企业和市场望而却步，只有政府先行带头投资低碳技术，才有可能让低碳技术的成本随着生产量的增加、规模的扩大而迅速降低。

发展低碳经济还要树立生态效益和经济效益双赢的发展理念，由此低碳技术才会受到相应的政策和制度的激励得以创新，从而促进低碳型产业的形成和发展，进一步为低碳型企业带来经营的动力。此外，树立低碳发展的生活理念，也会影响消费者的行为模式，一旦消费者崇尚低碳产品，就会反过来刺激市场进行低碳技术创新，带来更多的低碳需求。这样一来，通过低碳经济创新形成的竞争优势就成为一种综合优势，拥有这种优势的国家将会影响到全球贸易和投资的走向。总之，发展低碳经济对于创造相关的经济增长机会有着巨大的促进作用，有学者预测，到 2050 年，仅低碳能源产品的市场就至少会形成 5000 亿美元以上的市场需求[①]。因此，发展低碳经济不仅可以保护生态环境，而且可以在应对气候变化的基础上找到新的经济发展方向，实现我国经济社会的绿色可持续发展。

综上所述，发展低碳经济，不仅能够有效供给大量绿色生态产品，提升我国供给的质量和效率，还能够减少污染排放对生态环境的破坏，从而实现真正意义上的绿色供给。如今，发展低碳经济已经成为全球发展的新趋势，我们只有抓住此次绿色革命的机会，才能在新一轮的国际竞争中获得优势，这也是构建我国绿色发展体系的重要任务。

二、绿色投资和绿色金融促进供给结构调整

长期以来，我国的经济发展方式主要依靠大量投入资源要素进行粗放型生产，很多产业呈现出高耗能、高污染、低效率的特点，因此供给侧结构性改革的重要一步就是调整这些不合理的供给结构，通过大力发展绿色产业来找到新的经济增长点，从而实现我国经济增长方式的绿色转型。一般而言，投资是推动经济增长的第一推动力，投资增长与经济增长是正向对应的，且投资增长带动经济相应增长的联动关系是相当稳

---

① 蔡林海：《低碳经济：绿色革命与全球创新竞争大格局》，经济科学出版社 2009 年版，第 28 页。

定的。说到投资，我们首先考虑的就是经济学中关于投入产出比的生产函数，即在一定时期内，在技术水平确定的情况下，生产中所使用的各种生产要素的数量与所能生产的最大产量之间的关系。随着经济社会的发展，人们越来越意识到，生态也是一个至关重要的生产要素和投入品，需要将其投入到全社会的整体生产环节中去。对自然资本在综合财富中占很大比例的发展中国家来说，对自然资本实施健全的管理以增加财富是至关重要的。不过，即使一个国家的自然财富在综合财富中所占的比例不大，着力于自然资本的管理也是绝对必要的，因为建立在自然资本基础上的绿色投资是创造生态财富的重要途径，也是影响我国供给结构调整的重要因素。

　　传统的观点认为，若是投入资金进行生态环境保护或者因为保护环境而限制某些产业的发展会造成一定的经济损失，从而降低经济的增长。但是根据一些学者的长期跟踪研究发现，投入环境保护不仅不会使经济发展降低，而且长远来看还会促进经济的实质增长，两者是可以协调发展的。因为当生态环境质量得以提高时，也会间接提高生产要素的生产力，从而增加产出效益。绿色投资不像普通的生产要素投入一次，其价值就使用殆尽，而是具有可持续、循环性特征。例如，森林作为一种重要的生态财富，能够提供许多生态服务，如成为绿色氧吧、调节气候、提供木材等，因此只要合理使用，它的这些生态功能是可以永续使用的，投入森林保护的收益就具有可持续性，而且只要保护和开发得当，其作为一种自然资本也会不断升值。具体说来，进行绿色投资的时候我们要充分考虑以下几个问题：

　　第一，从宏观、中观以及微观三个层次进行绿色投资。绿色投资就是用于增加绿色 GDP 的货币资金 (或其他经济资源) 的投入，可分为宏观、中观、微观三种口径：微观口径就是治理环境污染的投入，包括生态治理、污水排放、固体废弃物处理的相关设施、设备及费用；中观口径就是在小口径的基础上，再加上资源的合理开发和利用的投入，包括用于节能环保等相关措施的支出；宏观口径就是一切能促进绿色 GDP

增长的投入，都属于绿色投资的范围。[①] 此外，与绿色投资相辅相成的是生态投资，即广泛地投入和人类生态环境直接相关的产业，如投资建立自然保护区、投资垃圾无害化处理、投资生态旅游等。无论是绿色投资还是生态投资，都能够通过投资促进我国绿色生态产业的发展，逐步调整我国不合理的供给结构。

第二，绿色投资要遵循三个原则。首先，要以保护生态环境为前提。在进行绿色投资的过程中，要对生态资源进行保护性开发，不能对其造成破坏和污染。虽然开发利用生态资源不可避免地会对其造成影响，但是我们需要根据生态系统自身的循环周期和阈限范围进行科学评估，保证任何投资生产活动都遵从大自然的客观规律。其次，进行绿色投资必须要以节约生态资源为基础。以现在的科学技术发展水平，我们可以改变传统产业粗放经济的特点，对资源进行更合理高效的利用，减少资源的浪费和废弃物的排放。节约资源也符合经济生产活动中投资少产出多的追求目标，是产出更大经济效益的不二选择。再次，绿色投资也要重视经济效益。既然是投资，必然要考虑经济盈利，这样才能使得投资得以继续。若是投资自然资本不产生经济效益，那也是对资源的一种浪费，是与绿色投资相违背的。最后，绿色投资要考虑公平正义原则。所谓公平正义，就是指投资要向促进人类社会朝着更加公平、和谐的方向发展，要考虑代际和代内公平、区域公平、社会正义、贫困人群等等，避免造成更大的贫富差距和社会矛盾，要使整个社会可持续地、和谐地发展。

第三，绿色投资要树立长远目标。通过绿色投资调节供给结构和进行生态财富的创造是全球经济领域发展的一个大趋势。生态环境保护是一个全球趋势，再加上生态投资的领域非常广泛，当能确定发展趋势时，投资长期趋势更能获得回报。投资自然生态资本具有较强的时间性，这是和生态财富的时间性特征息息相关的，因此自然资本的投资需要更多

[①] 孟耀、张启阳：《循环经济发展中绿色投资问题研究》，《财经问题研究》2005年第11期。

地考虑长远效益。因为短期来看，绿色投资不易产生效益，而越随着时间的发展效益的产出越明显。对于一些以追求利润最大化的企业来说，即使其绿色投资的直接目的不是为了保护生态环境，它们最终也会间接地创造出生态效益和相应的社会效益。绿色投资是以经济得以可持续增长为基础的，因此可以引导资金的流向，转变经济发展方式。绿色投资能够推动生态财富的增长，这一投资形成的生产力是具有高效率和潜在大价值的，而且它带来的产出不仅仅是绿色 GDP 的绝对值增加，还会创造相应的生态效益和社会效益，这是传统投资单一获取经济效益所无法比拟的优势。

　　然而，不可忽视的是，绿色投资通常需要大量的资金支持，大多数保护生态环境和治理污染的项目都是因为缺乏资金而搁浅，因此除了靠政府的补贴以外，想要获得更多的投资资金就需要靠良好的金融体系给投资者创造良好的融资平台。绿色投融资可以引导资金用来发展绿色经济，绿色投融资会形成绿色资本，而绿色资本是一种充满长久活力的能使自身持续增长的生产要素。绿色投融资领域很多，如环境保护中的江河湖泊污染治理和防治，森林、草原等的再生与维护，生物多样性保护，生态产业投资支持，新能源、新材料、新技术的研究与开发，等等。

　　绿色投融资的核心就是通过金融业务的运作来实现绿色 GDP 的增长，通过贯彻生态理念和环境保护思想实现人类与自然环境共赢的投资理财活动。只有建立起良好的绿色金融体系，才能解决生态投资强度不足和集中度不高的问题，从而实现多主体、多元化、多渠道的投融资新体制，刺激绿色生态产业的发展。绿色投融资是对传统金融活动的一种创新，它将绿色生态的概念带到金融企业内部，使其成为金融投资的新方向。绿色投融资除了追求相应的经济收益，更看重生态收益，它把对生态的保护、生态财富有效利用的程度作为衡量其成效的指标，即通过金融业自身的活动去引导经济主体注重生态效益，维护人类社会长远利益及长远发展。

　　投资自然资本、创造生态财富仅靠政府的力量是远远不够的，还要把绿色生态事业推向市场，让各方力量都在各自领域发挥应有的作用。绿色投融资是由具有生态环保意识的经济人进行的投融资，主体不单是追求经济利益的经济人，而且是具有社会责任的投资者。绿色投融资抉择中，选择标准是经济、社会、环境三重盈余。

具体而言，可以通过以下方式来建设绿色投资的金融体系，即针对绿色生产各个环节所需求的投融资不同，积极寻找投融资的主体多元化渠道，以期能够对绿色经济进行全方位的建设。

第一，商业银行可以对企业的绿色投资提供优先贷款，对其投资采取倾斜和优惠政策，这也是国际上许多国家的做法，即通过银行等金融机构大力支持绿色投资产业。政府可以一方面积极调动银行信贷的积极性，一方面充分发挥政策性银行的作用。由于政策性银行是由政府发起并出资成立的，它们会贯彻和配合政府特定的经济政策和意图；且政策性银行不以盈利为目的，而是充当政府发展经济、促进社会进步、进行宏观经济管理的工具。因此，利用政策性银行利息率低、政策性强、公共性广的特点，可将其发放的贷款主要投向符合国家产业政策和社会经济发展需要的绿色产业和领域，让政策性银行做好绿色投资的后盾，成为生态财富创造的助推器。

第二，积极调动民间金融组织的融资作用。由于大的金融机构往往会将兴趣放在大的投资项目上，对于一些小的融资项目不感兴趣，此时就可以让民间金融组织来补缺，为一些规模小但具有发展潜力的绿色投资提供资金，这样更加方便快捷，灵活性也会更高。除此之外，政府还应该鼓励和引导企业进入到融资领域中，特别是在资金运作、产业投资和经营管理方面具有优势的绿色企业，这样不仅有利于企业进一步延伸绿色经济产品链、保值增值企业闲置资金，而且还能扩大社会绿色投融资资金来源。

第三，开发更多旨在促进绿色投资的金融产品，如绿色基金等金融产品，以扩展融资渠道。绿色投资基金是指在证券市场上仅以或部分以企业的环境绩效为考核标准筛选投资对象进行投资的基金，它是在社会责任投资的基础上发展起来的，不仅以获得经济收益为主要目的，而且追求生态、经济的协调发展[①]。绿色投资基金在不同国家的名称不同，如美国称其为环境基金，日本叫生态基金，欧洲称其为绿色基金，但其实质都是一样的。绿色投资基金代理人会综合评估投资项目的经济、生态和社会效益，从而选择最优的投资策略。

第四，积极利用国际资金发展绿色经济。我们可以通过两种渠道进行国际融资，一种是通过国际信贷市场，争取用于发展绿色经济的国际金融专项贷款，或是政府间贷款以及国际银行发放的绿色贷款；另一种是通过国际证券市场，利用债券、股票等金融工具筹措大量资金，为绿色投资提供金融支持。但是同时也要警惕外商的生态帝国主义行为，在争取国外投资的同时要严格把关，防止有意图的外国投资对我国进行生态剥削。

总之，把生态财富看作新的经济增长点进行投资，既能减少传统产业投资的负面效应，又能产出更多的生态财富，这是趋势也是供给侧结构性改革和绿色发展的重要目标。通过绿色投资和绿色金融，不仅能够促进绿色生态产业的发展，还能够通过培育新兴产业增加新的绿色供给，从而调整我国目前的供给结构，实现我国经济发展方式的绿色转型。因此，在我国进行供给侧结构性改革和经济发展方式转型的过程中，要在政府的引领下，充分调动各方力量进行绿色融资，从而加大绿色投资的范围和数量，增加新的绿色供给，实现我国供给结构的合理布局。

三、政府主导供给侧结构性改革以实现经济发展方式绿色转型

供给侧结构性改革的长期目标是实现经济发展方式的转变，达到国民经济可持续发展的目的，而这仅靠市场的力量是无法完成的，必须由政府主导才能确保改革的目标和转型的方向。当我们把供给侧结构性改革和绿色经济发展结合起来考虑时，主要目标就是扩大绿色供给和提高绿色经济在国民经济中的比例，从而实现经济发展的绿色化。要完成这

---

① 蒋华雄、谢双玉：《国外绿色投资基金的发展现状及其对中国的启示》，《兰州商学院学报》2012 年第 5 期。

第八章　构建中国特色社会主义绿色发展方式

一目标，政府的力量和政策引导是基础。无论在国家层面还是地方层面，超越"唯 GDP 论"要在政策制定和实施层面充分体现，绿色理念要在政策制定过程中逐步主流化，并从多维度体现。

在供给侧结构性改革和绿色转型过程中，政府应该从以下几个方面制定相应的宏观经济政策、区域发展政策、产业政策以及环保政策，有力地推动供给侧结构性改革和经济发展方式的绿色转型。

第一，政府要大力发展绿色新兴产业，通过生态财富的创造引领绿色经济增长，培育新的绿色增长点，增加绿色供给。在我国社会主义制度下，政府要充分利用计划手段，规划设计出生态财富创造的一系列总体思路，为发展绿色生态产业指明方向和目标。在目前绿色产业发展相对成熟的相关领域、地区和行业，要鼓励先行先试，在取得一定的成功经验后，再逐步推广。只有着眼于绿色生态产业的发展，通过研发绿色技术、培育绿色产业，才能在新一轮的全球竞争中把握方向，获得竞争优势，成为经济发展方式绿色转型的领头羊。

第二，政府要着力加强绿色市场的建设，为经济发展的绿色转型提供良好的市场氛围。政府要积极引导市场进行绿色投资，改善绿色创新和创业的融资模式与机制，从而改善投资效率，进一步扩大绿色投资规模，加快绿色转型的速度。具体说来，可以通过以下手段为市场提供绿色转型的便利：通过出台切实有效的政策简化绿色生态产业的审批，为其开通绿色服务通道；根据不同地区、不同部门、不同行业的具体情况，充分利用立法、行政、监测和审核等制约手段，以及价格政策、环境税收、银行贷款等经济杠杆来引导资本投向和资源配置向绿色产业倾斜，积极开拓国内外绿色服务市场；在绿色产业的申报方面，政府要有专门针对绿色产业的申请条件、审查标准和程序等，使绿色产业向规范化、专业化、制度化的方向发展。

第三，在经济发展方式转型过程中，政府要通过就业条件的改善以及公共服务质量的提高来减少发达与欠发达地区经济水平、发展潜力的差异。之所以要通过供给侧结构性改革来发展绿色经济，就是为了实现不同地区的公平与均衡发展，强调发展成果让全体人民共同享有。因此，要平衡不同地区的公共服务均等化能力，在区域政策制定、中央与地方以及地区之间的财政政策和转移支付机制建设过程中，把与民生相关的绿色发展内容提到一个战略高度，为公共服务均等化和帮助贫困地区脱贫提供政策和资金支持，通过供给侧结构性改革和经济发展方式的转型实现绿色脱贫。

第四，经济发展方式的绿色转型除了依靠政府的引导和扶持，也要充分调动企业、家庭、消费者的参与积极性，从多种渠道、多层次促进我国经济发展方式的绿色转型。具体说来，一方面要实现企业的绿色生产，使其成为供给侧结构性改革过程中的重要力量，要让绿色生产在绿色转型过程中越来越有利可图，从而吸引资本市场对绿色产业的投资，以此扩大绿色供给；另一方面要实现绿色消费，即在全社会树立绿色生活方式的新观念，通过对消费者衣、食、住、行等生活习惯的引导来实现其生活方式的改变，通过绿色消费刺激绿色生产。例如，积极引导消费者选择绿色餐饮、采购绿色食品及原料等，这就要求市场要提供更好的绿色产品和绿色消费服务。又如，可以加强绿色旅游业的品牌建设，倡导和形成绿色旅游消费的意识、氛围和风尚。也就是说，要引导民众树立绿色消费、绿色出行、绿色居住的意识，使绿色生活方式成为人们的自觉行动，通过消费行为影响生产行为，在全社会形成一种绿色发展的氛围，进而扩大对绿色供给的需求，以满足人们对绿色生活的追求。

综上所述，绿色发展方式的本质是构建经济、社会和生态环境三位一体永续发展且具有战略意义的体制机制系统，将自然资源、生态环境成本计入经济活动运行成本中，进而促进经济与包括生态资源在内的其他资源得到和谐共融的发展。绿色发展的宗旨就是要实现人与自然、人与人之间的和谐关系，要求在经济发展过程中放弃"黑色增长"模式，走一条绿色的发展之路。在新常态下，我国的经济发展遇到产业结构不合理、产能过剩、供需错位等瓶颈，而供给侧结构性改革通过扩大绿色供给和调整供给结构，能够有效解决我国经济发展下行的压力，推动我国经济的持续增长和发展方式的绿色转型。供给侧结构性改革与发展方式绿色转型是相互作用、相互影响的，一方面供给侧结构性改革是绿色转型的重要任务，另一方面绿色转型也需要供给侧结构性改革做支撑。因此，要构建我国的绿色发展方式，必须在树立绿色文化的基础上和协调各种绿色关系的前提下，通过供给侧结构性改革实现绿色供给的增加和绿色产业的繁荣，才能转变我国的经济发展方式，从而实现我国经济社会的绿色、永续发展。

结　语

　　在生态财富观的引领下，探讨如何通过对生态财富的新认识来实现人类社会的绿色发展是本书的主要内容。

　　首先，对生态财富的价值和创造方式进行了研究。我们认为，生态系统及其提供的产品和服务在有人类劳动参与的前提下，可以被认为是一种新的财富。生态财富具有使用价值、经济价值和审美价值，能够从生理和心理两个方面满足人类的需求。本书认为生态财富的创造只有在我国社会主义制度下、建立以生态财富公有制为基础的生态社会主义社会，通过生态财富增多和生态财富生产能力提高两个方面来保证生态财富创造的效率与公平。以上观点将财富的范围进一步拓宽，提出了一种新的财富理念，而且将生态财富纳入财富体系更为科学，为我们探讨自然生态和经济增长问题提供了全新的角度。并且，通过对生态财富进行定价，使得其重要价值和地位得以体现，为创造生态财富和发展绿色经济提供了有力支撑。

　　其次，对生态财富的配置进行了深入分析。生态财富是新的经济增长点，除了要想方设法创造更多的生态财富，把其配置好才是我们的最终目的。资本主义私有制及其生产方式是导致生态危机和生态财富配置不公的根本原因，根据生态财富公共性、整体性的特点，采用社会主义公有制和计划手段是配置生态财富最为合理的方式。与此同时，在具体的实践过程中，社会主义市场交易也是配置生态财富的手段之一，生态补偿、碳交易、排污权交易等都是有效的途径，但它们都要在国家和政府的引导下才能更好地发挥作用。该观点提出的配置生态财富的方式，克服了资本主义自由市场配置财富的缺陷，突出了社会主义国家政府和国家的作用，从基本制度和实践手段两个方面共同保证了生态财富在不同地区、不同人群以及不同代人之间合理、有效、公平、持续的配置。

再次，从理论和实践两个方面对生态财富的消费问题进行了探讨。在资本主义价值观的影响下，必然会导致异化消费，而资本主义生产为了维持其利润，必然会过度掠夺生态财富以扩大生产规模，最后形成一种高生产、高消费的生产方式和生活方式。资本主义生产的无限性与生态系统的有限性必然会出现矛盾和冲突，而这一矛盾就表现为生态危机。因此，为了避免对生态财富的不合理消费，我们必须克服异化消费和消费主义价值观，构建新的绿色消费模式。绿色消费模式就是要适度地消耗生态财富来进行生产，一切与自然的物质交换活动都要在生态系统可承受的范围之内进行，通过重塑人们衡量幸福的标准实现生态财富的绿色消费。该观点提出对生态财富进行绿色的、生态型的消费，颠覆了资本主义建立在虚假需求上的异化消费价值观，这是人类消费方式的重新选择和根本性转向，也是保证生态财富可持续利用的基本准则。

最后，对如何构建中国特色社会主义绿色发展方式进行了探讨，并提出了相关的政策建议。在新常态下，我国面临着经济发展速度减缓、供给侧结构性改革和经济发展方式转型等一系列问题，这既是挑战也是机遇，而绿色发展为我们提供了良好的解决方案。通过对生态财富进行绿色生产、绿色分配、绿色交换、绿色消费实现经济发展的绿色转型，通过发展循环经济、低碳经济实现绿色供给的增加，通过绿色投资和绿色金融制度调整产业结构等都是有效实现绿色富国和绿色惠民的途径。该观点将生态财富的运动过程和经济发展过程结合起来，认为生态财富的创造方式本身就是一种发展绿色经济的方式，它为我国在新常态下的生态文明建设、经济发展方式转型和可持续发展提供了新的理论视角，为构建我国的绿色发展方式提供了一套行之有效的方法。

在工业文明基础上诞生的生态文明，是实现人与自然和谐发展的必然要求，是人类文明史上的一大飞跃。建设生态文明是对人类社会文明发展的自觉顺应和深刻把握，是对我国经济社会发展经验教训的总结与反思，是对新时代人民美好生活需要的积极回应，关系人民福祉、关乎民族未来。过去"盼温饱"，现在"盼环保"；过去"求生存"，现在"求生态"。生态环境在群众生活幸福指数中的地位不断凸显，引发了人们对美好生活内涵和内容的历史反思，也从生态维度丰富了美好生活的时代标准。生态文明建设功在当代、利在千秋，我们要牢固树立社会主义生态文明观，推动形成中国特色社会主义绿色发展方式，为保护生态环境作出我们这代人的努力。

参考文献

[1] 蔡林海：《低碳经济：绿色革命与全球创新竞争大格局》，经济科学出版社 2009 年版。

[2] 陈银娥、高红贵等：《绿色经济的制度创新》，中国财政经济出版社 2011 年版。

[3] 曹荣湘主编：《生态治理》，中央编译出版社 2015 年版。

[4] 戴彦德等：《碳交易制度研究》，中国发展出版社 2014 年版。

[5] 杜秀娟：《马克思主义生态哲学思想历史发展研究》，北京师范大学出版社 2011 年版。

[6] 傅国华、许能锐主编：《生态经济学》（第二版），经济科学出版社 2014 年版。

[7] 胡安水：《生态价值概论》，人民出版社 2013 年版。

[8] 胡祖六：《中国转型——改革与可持续发展之道》，北京大学出版社 2012 年版。

[9] 洪银兴主编：《马克思主义经济学经典精读·当代价值》，高等教育出版社 2012 年版。

[10] 何自力等主编：《高级政治经济学——马克思主义经济学的发展与创新探索》，经济管理出版社 2010 年版。

[11] 靳利华：《生态文明视域下的制度路径研究》，社会科学文献

出版社 2014 年版。

[12] 靳利华：《生态与当代国际政治》，南开大学出版社 2014 年版。

[13] 李世书：《生态学马克思主义的自然观研究》，中央编译出版社 2010 年版。

[14] 李振基等编：《生态学》（修订第三版），科学出版社 2007 年版。

[15] 厉以宁、章铮：《环境经济学》，中国计划出版社 1995 年版。

[16] 林海平：《环境产权交易论》，社会科学文献出版社 2012 年版。

[17] 林红梅：《生态伦理学概论》，中央编译出版社 2008 年版。

[18] 刘增惠：《马克思主义生态思想及实践研究》，北京师范大学出版社 2010 年版。

[19] 刘思华：《生态学马克思主义经济学原理》，人民出版社 2006 年版。

[20] 杨朝飞、〔瑞典〕里杰兰德主编：《中国绿色经济发展机制和政策创新研究综合报告》，中国环境科学出版社 2012 年版。

[21] 乔清举：《泽及草木　恩至水土——儒家生态文化》，山东教育出版社 2011 年版。

[22] 沈满洪等：《排污权交易机制研究》，中国环境科学出版社 2009 年版。

[23] 沈满洪主编：《生态经济学》，中国环境科学出版社 2008 年版。

[24] 王明初、杨英姿：《社会主义生态文明建设的理论与实践》，人民出版社 2011 年版。

[25] 王旭烽主编：《中国生态文明辞典》，中国社会科学出版社 2013 年版。

[26] 王雨辰：《生态批判与绿色乌托邦——生态学马克思主义理论研究》，人民出版社 2009 年版。

[27] 王振中主编：《中国转型经济的政治经济学分析》，中国物价出版社 2002 年版。

[28] 许涤新：《生态经济学》，浙江人民出版社 1987 年版。

[29] 余敏江、黄建洪：《生态区域治理中中央与地方府际间协调研究》，广东人民出版社 2011 年版。

[30] 杨晓萌：《生态补偿机制的财政视角研究》，东北财经大学出版社 2013 年版。

[31] 赵建军：《如何实现美丽中国梦：生态文明开启新时代》，知识产权出版社 2013 年版。

[32] 中国 21 世纪议程管理中心可持续发展战略研究组：《全球格局变化中的中国绿色经济发展》，社会科学文献出版社 2013 年版。

[33] 中国 21 世纪议程管理中心编著：《生态补偿的国际比较：模式与机制》，社会科学文献出版社 2012 年版。

[34] 周鑫：《西方生态现代化理论与当代中国生态文明建设》，光明日报出版社 2012 年版。

[35]［美］詹姆斯·奥康纳：《自然的理由——生态学马克思主义研究》，唐正东、臧佩洪译，南京大学出版社 2003 年版。

[36]［美］阿尔文·托夫勒、［美］海蒂·托夫勒：《财富的革命》，吴文忠、刘微译，中信出版社 2006 年版。

[37]［英］阿瑟·刘易斯：《经济增长理论》，周师铭等译，商务印书馆 1983 年版。

[38]［美］巴利·C.菲尔德、［美］玛莎·K.菲尔德：《环境经济学》（第 5 版），原毅军、陈艳莹译，东北财经大学出版社 2010 年版。

[39]［英］戴维·佩珀：《生态社会主义：从深生态学到社会正义》，刘颖译，山东大学出版社 2005 年版。

[40]［英］戴维·佩珀：《论当代生态社会主义》，刘颖译，《马克思主义与现实》2005 年第 4 期。

[41]［美］汤姆·蒂坦伯格、［美］琳恩·刘易斯：《环境与自然资源经济学》（第八版），王晓霞等译，中国人民大学出版社 2011 年版。

[42]［法］杜阁：《关于财富的形成和分配的考察》，南开大学经济系经济学说史教研组译，商务印书馆1961年版。

[43]［加］大卫·格洛弗：《环境价值评估：关于可持续的未来的经济学》，龚亚珍译，中国农业出版社2011年版。

[44]［美］赫尔曼·E.达利、［美］小约翰·B.柯布：《21世纪生态经济学》，王俊、韩冬筠译，中央编译出版社2015年版。

[45]［美］赫尔曼·E.戴利、［美］乔舒亚·法利：《生态经济学：原理和应用》（第二版），金志农等译，中国人民大学出版社2014年版。

[46]［西］贾维尔·卡里略－赫莫斯拉、［西］巴勃罗·戴尔里奥·冈萨雷斯、［西］托蒂·康诺拉：《生态创新——社会可持续发展和企业竞争力提高的双赢》，闻朝君译，世纪出版集团、上海科学技术出版社2014年版。

[47]［俄］A.N.科斯京：《生态政治学与全球学》，胡谷明等译，武汉大学出版社2008年版。

[48]［美］罗尼·利普舒茨：《全球环境政治》，郭志俊、蔺雪春译，山东大学出版社2012年版。

[49]［英］莱昂内尔·罗宾斯：《经济科学的性质和意义》，朱泱译，商务印书馆2000年版。

[50]［德］马克思:《1844年经济学哲学手稿》，人民出版社2000年版。

[51]《马克思恩格斯全集》第3卷，人民出版社2002年版。

[52]《马克思恩格斯全集》第19卷，人民出版社1963年版。

[53]《马克思恩格斯全集》第23卷，人民出版社1972年版。

[54]《马克思恩格斯全集》第31卷，人民出版社1998年版。

[55]《马克思恩格斯全集》第42卷，人民出版社1979年版。

[56]［德］马克思：《资本论》第一卷，人民出版社1975年版。

[57]［美］马克·特瑟克、乔纳森·亚当斯：《大自然的财富——

一场由自然资本引领的商业模式革命》，王玲、侯玮如译，中信出版社
2013 年版。

[58]［英］阿尔弗雷德·马歇尔：《经济学原理》（上），陈瑞华译，
陕西人民出版社 2006 年版。

[59]［英］马尔萨斯：《人口原理》，朱泱等译，商务印书馆 1992 年版。

[60]［瑞典］米尔达尔：《货币均衡论》，钟淦恩译，商务印书馆
1997 年版。

[61]［英］戴维·佩珀：《生态社会主义：从深生态学到社会正义》，
刘颖译，山东大学出版社 2005 年版。

[62]［英］罗杰·珀曼等：《自然资源与环境经济学》（第二版），
候元兆译著，中国经济出版社 2002 年版。

[63]［日］秋道智弥、［日］市川光雄、［日］大塚柳太郎编著：《生
态人类学》，范广融、尹绍亭译，云南大学出版社 2006 年版。

[64]［英］琼·罗宾逊、［英］约翰·伊特韦尔：《现代经济学导论》，
陈彪如译，商务印书馆 1982 年版。

[65]［英］威廉·汤普逊：《最能促进人类幸福的财富分配原理的
研究》，何慕李译，商务印书馆1986年版。

[66] 国际复兴开发银行／世界银行：《变化中的国家财富：对可持
续发展能力的测量》，王海昉等译，新华出版社 2013 年版。

[67]［德］马丁·耶内克、［德］克劳斯·雅各布：《全球视野下
的环境管治：生态与政治现代化的新方法》，李慧明、李昕蕾译，山东
大学出版社 2012 年版。

[68] 蔡继明：《论财富创造与财富分配的关系》，《经济学动态》
2010 年第 4 期。

[69] 蔡永海、张召：《低碳经济引领经济的生态化转向》，《中国
国情国力》2010 年第 2 期。

[70] 蔡华杰：《生态社会主义的全球视野与国际向度——德里克·沃

尔的生态社会主义思想述评》，《华中科技大学学报（社会科学版）》2013 年第 4 期。

[71] 陈学明：《生态学马克思主义所引发的思考》，《当代国外马克思主义评论》2011 年第 1 期。

[72] 程恩富、张建刚：《坚持公有制经济为主体与促进共同富裕》，《求是学刊》2013 年第 1 期。

[73] 常宴会：《消费模式的绿色转向——本·阿格尔生态学马克思主义理论的启示》，《河海大学学报（哲学社会科学版）》，2013 年第 3 期。

[74] 丁颖韵、白相莲：《保护环境——构建生态财富观》，《呼伦贝尔学院学报》2012 年第 1 期。

[75] 狄瑞云：《浅谈创建绿色家庭的作用》，《环境教育》2013 年第 1 期。

[76] 董岩：《论生态资源的分配正义》，《哈尔滨师范大学社会科学学报》2012 年第 2 期。

[77] 封泉明：《马克思的生态财富思想及当代价值》，《合肥工业大学学报（社会科学版）》2013 年第 2 期。

[78] 胡道玖：《全球生态治理公私伙伴关系：多边体系架构下的联合治理模式》，《环境与可持续发展》2014 年第 2 期。

[79] 葛宏等：《绿色扶贫是环境与经济的双赢选择》，《经济问题探索》2001 年第 10 期。

[80] 胡小平：《经济全球化中的国家资源安全问题与对策》，《中国矿业》2003 年第 6 期。

[81] 黄爱宝：《全球环境治理与生态型政府构建》，《南京农业大学学报（社会科学版）》2008 年第 3 期。

[82] 黄娟：《生态财富与物质财富的关系思考》，《海派经济学》2012 年第 3 期。

[83] 解保军：《马克思恩格斯对资本主义的生态批判及其意义》《马

克思主义研究》2006 年第 8 期。

[84] 蒋华雄、谢双玉：《国外绿色投资基金的发展现状及其对中国的启示》，《兰州商学院学报》2012 年第 5 期。

[85] 金高品、陶甚健：《全球化与生态社会主义》，《绍兴文理学院学报（哲学社会科学版）》2000 年第 2 期。

[86] 柯毅萍：《经济全球化与我国财富分配方式的变化》，《南京工业大学学报（社会科学版）》2003 年第 1 期。

[87] 柯利：《马克思绿色消费思想对低碳生活的启示》，《中共石家庄市委党校学报》2012 年第 7 期。

[88] 康瑞华等：《自然生态环境是全人类的共同财富——福斯特对资本主义财富观与进步观的批判及启示》，《当代世界与社会主义》2013 年第 5 期。

[89] 李鸣：《绿色财富观：生态文明时代人类的理性选择》，《生态经济》2007 年第 8 期。

[90] 李松龄：《财富分配制度与价值分配制度》，《经济评论》2002 年第 4 期。

[91] 李玉杏：《将生态财富观融入建设美丽石化实践》，《中国石化》2013 年第 1 期。

[92] 李心源：《经济全球化下，国内经济制度成为参与全球财富分配的重要因素》，《财政研究》2008 年第 8 期。

[93] 林安云：《论当代中国的生态问题与生态治理困境——中国向生态文明转向的必然性》，《云南行政学院学报》2013 年第 6 期。

[94] 刘加林等：《循环经济生态创新力研究》，《中国地质大学学报（社会科学版）》2010 年第 2 期。

[95] 刘昊：《两型社会建设中家庭绿色精量消费文化建设》，《现代经济探讨》2013 年第 9 期。

[96] 刘梅：《生态社会主义的社会发展观》，《社会主义研究》

2004 年第 6 期。

[97] 刘明远:《生态治理与制度安排——一项现实考察》,《北方经济》2002 年第 3 期。

[98] 刘葆华:《构建可持续发展的和谐社会:公平优先　促进效率》,《甘肃社会科学》2006 年第 5 期。

[99] 彭诗言:《生态补偿机制的国际比较》,《特区经济》2009 年第 5 期。

[100] 青连斌:《解决贫富差距扩大问题的关键》,《湖南社会科学》2009 年第 6 期。

[101] 秦鹏:《政府绿色采购:逻辑起点、微观效应与法律制度》,《社会科学》2007 年第 7 期。

[102] 任力:《低碳经济与中国经济可持续发展》,《社会科学家》2009 年第 2 期。

[103] 沈月、赵海月:《学习马克思物质变换理论　营造绿色消费环境》,《消费经济》2013 年第 6 期。

[104] 唐宏:《人与自然和谐发展:从资本主义到生态社会主义——西方生态学马克思主义的启示》,《兰州大学学报(社会科学版)》2007 年第 3 期。

[105] 王振亚:《生态社会主义价值观的多维透视》,《马克思主义研究》2003 年第 1 期。

[106] 王学义、郑昊:《工业资本主义、生态经济学、全球环境治理与生态民主协商制度——西方生态文明最新思想理论述评》,《中国人口·资源与环境》2013 年第 9 期。

[107] 吴晓锋:《转型期中国的社会公正感探析——以社会期望与财富分配的互动关系为视角》,《兰州学刊》2011 年第 10 期。

[108] 卫兴华:《我国当前贫富两极分化现象及其根源》,《西北师大学报(社会科学版)》2012 年第 5 期。

[109] 温淑瑶等:《可持续发展中的代际财富均衡问题研究》,《河

海大学学报》1998 年第 5 期。

[110] 翁伯琦等：《农业生态文明建设与绿色家庭农场经营》，《福建农林大学学报（哲学社会科学版）》2014 年第 3 期。

[111] 徐民华、王增芬：《生态社会主义的生态发展观对构建和谐社会的启示》，《当代世界与社会主义》2005 年第 4 期。

[112] 徐崇温：《中国特色社会主义道路的世界意义》，《决策与信息》2009 年第 11 期。

[113] 徐秀军：《解读绿色扶贫》，《生态经济》2005 年第 2 期。

[114] 郇庆治：《国内生态社会主义研究论评》，《江汉论坛》2006 年第 4 期。

[115] 郇庆治：《西方生态社会主义研究述评》，《马克思主义与现实》2005 年第 4 期。

[116] 闫新丽：《生态社会主义的生态观对中国特色社会主义的启示》，《社会主义研究》2004 年第 3 期。

[117] 余潇枫、王江丽：《"全球绿色治理"是否可能？——绿色正义与生态安全困境的超越》，《浙江大学学报（人文社会科学版）》2008 年第 1 期。

[118] 于立、王立军、侯强：《资源性贫富差距与社会稳定》，《财经问题研究》2007 年第 10 期。

[119] 俞可平：《科学发展观与生态文明》，《马克思主义与现实》2005 年第 4 期。

[120] 袁广达：《绿色投资、绿色资本及其价值》，《现代经济探讨》2009 年第 11 期。

[121] 严冰：《财富生产与财富分配——马克思主义政治经济学理论的内部矛盾分析》，《西南民族大学学报（人文社科版）》2003 年第 6 期。

[122] 尹世杰：《关于绿色消费的几个问题》，《经济学动态》2001 年第 7 期。

[123] 张孝德：《生态经济的新财富观》，《杭州（我们）》2010 年第 8 期。

[124] 张孝德：《生态治理能力现代化的产权制度基础》，《国家治理》2014 年第 20 期。

[125] 张爱武：《论中国特色社会主义理论体系的世界意义》，《马克思主义与现实》2009 年第 3 期。

[126] 张绍平、董朝霞：《生态社会主义绿色政治思维模式及其当代价值》，《理论与改革》2007 年第 4 期。

[127] 张森林：《中国特色社会主义道路的科学内涵及世界意义》，《思想政治教育研究》2010 年第 4 期。

[128] 张汉飞、刘海龙：《资源全球配置的风险及其应对》，《亚太经济》2013 年第 5 期。

[129] 张荣国：《市场化全球化背景下的分配公正问题》，《中国特色社会主义研究》2008 年第 1 期。

[130] 张明之：《全球化进程中世界财富分配控制权的实现方式》，《世界经济与政治论坛》2013 年第 3 期。

[131] 张彦：《论财富的创造与分配》，《哲学研究》2011 年第 2 期。

[132] 赵正全：《论确立生态价值观与生态财富观》，《岭南学刊》2008 年第 4 期。

[133] 赵川川：《全球化与国际分配正义》，《徐州师范大学学报（哲学社会科学版）》2009 年第 4 期。

[134] 邹波等：《关注绿色贫困：贫困问题研究新视角》，《中国发展》2012 年第 4 期。

[135] 朱宗友：《全球化背景下中国特色社会主义道路选择的世界意义》，《中国井冈山干部学院学报》2012 年第 6 期。

[136] 郑磊：《资源分配对贫富分化的影响及对策》，《思想战线》2011 年第 S2 期。

[137] 郑志国：《公有制为主体涵盖资源性资产》，《江汉论坛》2012 年第 12 期。

[138] ［美］布雷特·克拉克、［美］约翰·贝拉米·福斯特：《二十一世纪的马克思生态学》，孙要良译，《马克思主义与现实》2010 年第 3 期。

[139] ［美］乔尔·科威尔：《生态社会主义、全球公正与气候变化》，宾建成、阎立建译，《马克思主义与现实》2009 年第 5 期。

[140] ［美］约翰·B.福斯特：《历史视野中的马克思的生态学》，刘仁胜译，《国外理论动态》2004 年第 2 期。

[141] ［美］约翰·贝米拉·福斯特、［美］布莱特·克拉克：《财富的悖论：资本主义与生态破坏》，张永红编译，《马克思主义与现实》2011 年第 2 期。

[142]Andrew McLaughlin, *Regarding Nature: Industrialism and Deep Ecology*, State University of New York Press, 1993.

[143]Borden, Richard J, Hens, Luc, et al, *Human ecology - coming of age : an international overview*, VUB-Press, 1991.

[144]Burkett, P, *Marx and Nature*, Monthly Review Press, 1999.

[145]Cannan, Edwin, *Inquiry into the nature and causes of the wealth of nations*, Modern Library, 2000.

[146]John Bellamy Foster, *Marx's Ecology: Materialism and Nature*, Monthly Review Press, 2000.

[147]Gregory John Cooper, *The Science of the Struggle for Existence: On the Foundations of Ecology*, Cambridge University Press, 2003.

[148]Jozet Keulartz, *The Struggle for Nature: A Critique of Environmental Philosophy*, Routledge, 1999.

[149]Kay Milton, *Loving Nature: Towards An Ecology of Emotion*, Routledge, 2002.

[150]Manuel Arias-Maldonado, *Real Green: Sustainability After*

the End of Nature, Ashgate, 2012.

[151]Neri Salvadori, *Economic growth and distribution: on the nature and causes of the wealth of nations*, Economics Bulletin, 2004.

[152]Sachs, Wolfgang, *Global ecology : a new arena of political conflict*, Zed Books, Fernwood Publishing, 1993.

[153]Timothy Morton, *Ecology Without Nature*, Harvard University Press, 2007.

[154]Wolfgang Sachs, "Global Ecology and the Shadow of Development", *Deep Ecology for Century*, 1993.

[155]Yu D, "Research on the Protection of Intellectual Property Right from the Perspective of Ecology", *Information Studies Theory & Application*, 2013.

[156]Adger W N, Benjaminsen T A, Brown K, et al. "Advancing a Political Ecology of Global Environmental Discourses", *Development & Change*, 2001.

[157]Ba M M B, "Understanding the nature of wealth and its effects on human fitness", *Philos Trans R Soc Lond B Biol Sci*, 2011.

[158]Bai X, "Industrial Ecology and the Global Impacts of Cities", *Journal of Industrial Ecology*, 2008.

[159]Berkes F, "The common property resource problem and the creation of limited property rights", *Human Ecology*, 1985.

[160]Clarke D C, "The Ecology of Corporate Governance in China", *Ssrn Electronic Journal*, 2008.

[161]Foster J B. Marx's, "Theory of Metabolic Rift: Classical Foundations for Environmental Sociology", *American Journal of Sociology*, 1999.

[162]Giurco D, Prior J, Boydell S, "Industrial ecology and carbon

property rights", *Journal of Cleaner Production*, 2014.

[163]Kun S U, "Institutional Environment, Nature of Property Rights and Corporate Performance", *Journal of Yunnan University of Finance & Economics*, 2012.

[164]Michael J. Wolkoff, "The Nature of Property Tax Abatement Awards", *Journal of the American Planning Association*, 1983.

[165]Park R E, "Human Ecology", *American Journal of Sociology*, 1936.

[166]Power T M, "The wealth of nature", *Issues in Science & Technology*, 1996.

[167]Selsky J W, Creahan S, " The Exploitation of Common Property Natural Resources: A Social Ecology Perspective", *Organization & Environment*, 1996.

[168]Smith A, "An Inquiry into the Nature and Origins of the Wealth of Nations", *Journal of Industrial Ecology Research & Analys I S*, 1937.

[169]Wang Y, "Ecology Value and Its Practical Significance", *Journal of Nanjing University of Chemical Technology*, 2003.

[170]Zhang J, "Jin chu H U. Development and Progress of Research on Behavioral Ecology in China", *Journal of Xihua Teachers College*, 2003.

后　记

选择生态财富作为研究对象的初衷是为了把人类学和经济学结合起来，找到人类未来发展的一个新方向。经济人类学是研究人类各种社会的经济生活、经济制度及其演化规律的学科，其既从民族学、人类学的角度分析不同社会中人们的经济行为与经济生活，又从经济学的角度剖析各种人类现象和民族问题。政治经济学作为一门研究一定社会生产、资本、流通、交换、分配和消费等经济活动、经济关系和经济规律的学科，给予了我结合人类学知识的巨大空间，使我能更具体地触及人类社会经济发展的深层次问题。基于这两门学科交叉性的特点，并结合近年来我国乃至整个世界发展的背景，最终促使我选择研究人类社会的绿色可持续发展问题，而如何实现生态效益和经济效益的双丰收就成为了本书研究的主题。在写作过程中，我深感绿水青山对于金山银山的重要性，只有树立生态是一种新型财富的文化观，才能引导经济社会朝着绿色可持续的方向发展，才能实现人类社会永续发展的千年大计。

书稿是在本人博士学位论文的基础上修改完善而成，能够顺利完成首先要感谢我的导师何自力老师的悉心指导；其次要感谢人民出版社的诸位编辑老师，他们认真负责地帮我审稿和校对，书稿没有他们的辛勤付出就不可能顺利出版。

在力所能及的情况下撰写好本书是我的心愿，但由于本人才学有限，所以书中难免有疏漏与不足之处，请方家及读者不吝指正。

2021 年 5 月于贵阳枫林

策　　划：王　锋

责任编辑：万　春　孙　逸

装帧设计：王晓珏

版式设计：王晓珏

图书在版编目（CIP）数据

生态财富与绿色发展方式研究 / 罗瑜著 .—北京：人民出版社，2021.10

ISBN 978－7－01－023547－9

Ⅰ.①生…　Ⅱ.①罗…　Ⅲ.①生态环境建设－研究②绿色经济－经济发展－
研究　Ⅳ.① X171.4 ② F062.2

中国版本图书馆 CIP 数据核字（2021）第 138454 号

生态财富与绿色发展方式研究

SHENGTAI CAIFU YU LÜSE FAZHAN FANGSHI YANJIU

罗瑜◎著

人 民 出 版 社 出版发行

（100706　北京市东城区隆福寺街 99 号）

环球东方（北京）印务有限公司印刷　新华书店经销

2021 年 10 月第 1 版　2021 年 10 月北京第 1 次印刷

开本：710 毫米 ×1000 毫米　1/16　印张：14.75

字数：205 千字

ISBN 978－7－01－023547－9　定价：52.00 元

邮购地址 100706　北京市东城区隆福寺街 99 号

人民东方图书销售中心　电话（010）65250042　65289539